水稻除草剂使用技术图解

主　　编　张玉聚　鲁传涛　周新强
副 主 编　孙淑君　刘　胜　史艳红　李晓凯
编写人员　（按姓氏笔画排列）
王会艳　王恒亮　史艳红　刘　胜　孙　斌
孙化田　孙淑君　吴仁海　张永超　张玉聚
李伟东　李庆伟　李晓凯　杨　阳　苏旺苍
周新强　鲁传涛　楚桂芬

金盾出版社

内 容 提 要

本书以大量照片为主，配以简要文字，详细地介绍了水稻田如何正确使用除草剂。内容包括：水稻田主要杂草，水稻田除草剂应用技术，水稻田杂草防治技术。本书内容丰富，文字通俗易懂，照片清晰、典型，适合广大农户参考使用。

图书在版编目(CIP)数据

水稻除草剂使用技术图解/张玉聚，鲁传涛，周新强主编．--北京 ：金盾出版社，2012.8
ISBN 978-7-5082-7281-8

Ⅰ．①水… Ⅱ．①张…②鲁…③周… Ⅲ．①水稻—田间管理—除草剂—农药施用—图解 Ⅳ．①S451.21-64

中国版本图书馆 CIP 数据核字(2011)第 221048 号

金盾出版社出版、总发行
北京太平路 5 号(地铁万寿路站往南)
邮政编码：100036 电话：68214039 83219215
传真：68276683 网址：www.jdcbs.cn
北京蓝迪彩色印务有限公司印刷、装订
各地新华书店经销
开本：850×1168 1/32 印张：4.75 字数：50 千字
2012 年 8 月第 1 版第 1 次印刷
印数：1～8 000 册 定价：20.00 元

前　言

农田杂草是影响农作物丰产丰收的重要因素。杂草与作物共生并竞争养分、水分、光照与空气等生长条件，严重影响着农作物的产量和品质。在传统农业生产中，主要靠锄地、中耕、人工拔草等方法防除草害，这些方法工作量大、费工、费时，劳动效率较低，而且除草效果不佳。杂草的化学防除是克服农田杂草危害的有效手段，具有省工、省时、方便、高效等优点。除草剂是社会、经济、技术和农业生产发展到一个较高水平和历史阶段的产物，是人们为谋求高效率、高效益农业的重要生产资料，是高效优质农业生产的必要物质基础。

近年来，随着农村经济条件的改善和高效优质农业的发展，除草剂的应用与生产发展迅速，市场需求不断增加；然而，除草剂产品不同于其他一般性商品，除草剂应用技术性强，它的应用效果受到作物、杂草、时期、剂量、环境等多方面因素的影响，我国除草剂的生产应用问题突出，药效不稳、药害频繁，众多除草剂生产企业和营销推广人员费尽心机，不停地与农民为药效、药害矛盾奔波，严重地制约着除草剂的生产应用和农业的发展。

除草剂应用技术研究和经营策略探索，已经成为除草剂行业中的关键课题。近年来，我们先后主持承担了国家和河南省多项重点科技项目，开展了除草剂应用技术研究；同时，深入各级经销商、农户、村庄调研除草剂的营销策略、应用状况、消费心理；并与多家除草剂生产企业开展合作，进行品种的营销策划实践。本套丛书是结合我们多年科研和工作经验，并查阅了大量的国内外文献而编写成的，旨在全面介绍农田杂草的生物学特点和发生规律，系统阐述除草剂的作用原理和应用技术，深入分析各地农田杂草的发生规律、防治策略和除草剂的安全高效应用技巧，有效地推动除草剂的生产与应用。该书主要读者对象是各级农业技术推广人员和除草剂经销服务人员；同时也供农民技术员、农业科研人员、农药厂技术研发和推广销售人员参考。

除草剂是一种特殊商品，其技术性和区域性较强，书中内容仅供参考。建议读者在阅读本书的基础上，结合当地实际情况和杂草防治经验进行试验示范后再推广应用。凡是机械性照搬本书，不能因地制宜地施药而造成的药害和药效问题，请自行承担。由于作者水平有限，书中不当之处，诚请各位专家和读者批评指正。

编著者

目　录

第一章　稻田主要杂草

一、稻田主要杂草种类与危害

我国水稻种植历史悠久，地域广阔，是世界稻米主产国之一。我国每年水稻种植面积约 3 500 万公顷，约占粮食作物播种面积的 29%，占粮食总产量的 42%，无论种植面积和产量，在我国粮食作物中都居首位。

我国所有稻作区的稻田，历来都有大量杂草发生。据调查，全国稻田草害在中等以上(2～5 级)的面积达 1 546.7 万公顷，其中严重危害(4～5 级)面积为 380 万公顷，分别占水稻种植面积的 46.8% 和 11.5%，损失粮食 200 多亿千克。在这些主要杂草之中，尤以稗草发生与危害的面积最大，多达 1 400 万公顷，约占稻田总面积的 43%，稗草不仅发生与危害的面积最大，而且造成稻谷减产也最显著；异型莎草、鸭舌草(包括雨久花)、扁秆藨草、千金子、眼子菜等发生与危害面积次之。

我国幅员辽阔，不同地区气候、土壤、耕作等条件各异，各地稻田杂草的种类、发生情况不同，稻田草害可以划分成 5 个区。

（一）热带和南亚热带 2～3 季稻草害区

包括海南、云南、福建、广东和广西的岭南地区，年平均气温 20℃～25℃，年降雨量 1 000 毫米以上。主要杂草种类有稗草、异型莎草、节节菜、水龙、尖瓣花、千金子、四叶萍、鸭舌草、日照飘拂草、草龙等。

（二）中北部亚热带1～2季稻草害区

主要是华中长江流域，是我国主要稻作区。包括闽北、江西、湖南南部直到江苏、安徽、湖北、四川的北部，及河南和陕西的南部。年平均气温14℃～18℃，年降雨量1000毫米左右。该区稻田杂草危害面积约占72%，其中中等以上危害面积占45.6%。发生普遍、危害严重的杂草有稗草、异型莎草、牛毛毡、水莎草、扁秆藨草、碎米莎草、眼子菜、鸭舌草、矮慈菇、节节菜、水苋菜、千金子、双穗雀稗、野慈菇、空心莲子草、醴肠、陌上菜、刚毛荸荠、萤蔺和萍等。

（三）暖温带单季稻草害区

主要指长城以南的黄准海流域，包括江苏、安徽的北部，河南的中北部，陕西的秦岭以北直至长城以南及辽宁南部，多为稻麦轮作区。年平均气温10℃～14℃，年降雨量600毫米左右。稻田杂草危害面积约占91%，危害中等以上程度占71.5%。其中发生普遍、危害严重的有稗草、异型莎草、扁秆藨草、牛毛毡、野慈菇、水苋菜、醴肠、眼子菜和鸭舌草等。

（四）温带稻田草害区

主要指长城以北的东北三省和西北、华北北部。年平均气温2℃～8℃，年降雨量50～700毫米。该区水稻面积较小，杂草发生相对南方为轻。主要杂草有稗草、扁秆藨草、眼子菜、牛毛毡、异型莎草等。

（五）云贵高原稻田草害区

包括云南、贵州、四川西南地区。年平均气温14～16℃，年降

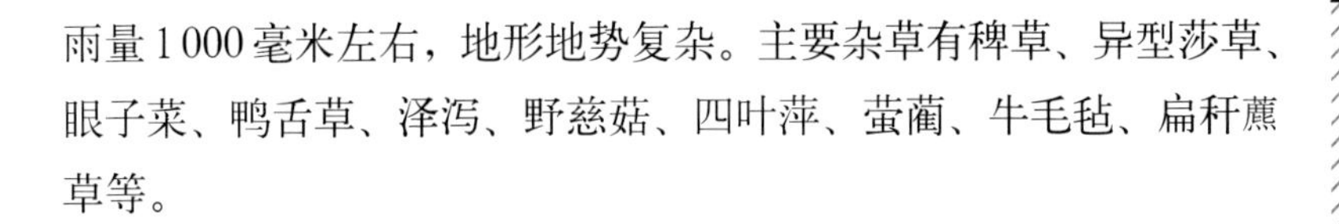

雨量1 000毫米左右，地形地势复杂。主要杂草有稗草、异型莎草、眼子菜、鸭舌草、泽泻、野慈姑、四叶萍、萤蔺、牛毛毡、扁秆藨草等。

二、稻田主要杂草种类

我国幅员辽阔，稻田杂草种类繁多。所有稻作区的稻田，历来都有大量杂草发生。据统计，全国稻田杂草有200余种，其中发生普遍、危害严重、最常见的杂草约有40种(分布于各稻区为10～20种)。

1.双星藻科 Zygnemataceae

藻体多为不分枝丝状群体；细胞圆柱形，1细胞核，色素体轴生星芒状、轴生板状、螺旋式盘绕的周生带状，1至多个蛋白核(个别属无)，无性生殖和有性生殖。

我国常见的6属，杂草1种。

水　绵 *Spirogyra communis* (Hass.) Kutz.

【识别要点】 藻体为不分枝丝状体，手触摸黏滑；细胞圆柱形，长64～128微米，宽19～22微米，细胞横壁平直，具1周生带状、螺旋状的盘绕色素体，一列蛋白核，一中位细胞核；梯形接合，有时侧面接合，配子囊圆柱形，接合管由雌雄两配子囊构成，接合孢子椭圆形或长椭圆形，两端略尖，宽23～58微米，长33～73微米，成熟时黄色（图1–1至图1–3）。

【生物学特性】 一年生杂草；以藻体断裂行营养繁殖，或行接合生殖。

【分布与危害】 水生，喜生于含有机质丰富的静止小水体。生水田、池塘、沟渠、小水坑，为水田与鱼池中常见杂草，一般发生量小，危害轻，繁殖过量时不但影响水稻生长，甚至引起鱼苗死亡。分布于我国南北各地。

图1–1 田间危害症状

图1–2 群体

图1–3 丝状体

2.满江红科 Azollaceae

体型小，漂浮水面根状茎极纤细，两侧交互羽状分枝，须根下垂水中，叶无柄，互生，2列覆瓦状；孢子果成对生于沉水裂片上。

分布各大洲温暖地区，单属科；我国1种，2个变种，均为杂草。

满江红 *Azolla imbricata* (Roxb.) Nakai 红浮萍、紫藻、三角藻

【识别要点】 浮水生小型蕨类，植株卵状三角形，直径约1厘米，根状茎横走、纤细、羽状分枝；须根沉水，具成束的毛状侧根；叶小，长约1毫米，互生，覆瓦状，排成二列，每叶二裂，上裂片浮水面，广卵形或近长方形，肉质，幼时绿色、秋冬时转为红紫色，

上面密生乳头状突起，下面一含有胶质的腔穴中常有鱼腥藻共生其中，下裂片沉水中，透明膜质，孢子果成对生于沉水裂片上。小孢子果较大，球形，内含多数小孢子囊，囊内含64个小孢子，大孢子果较小，内含1大孢子囊，囊内仅1大孢子（图1–4至图1–6）。

【生物学特性】 一年生草本，四季繁茂，秋天产生孢子果，以孢子繁殖或营养繁殖。

【分布与危害】 水生，喜生于水田、水沟、池沼的水面。稻田常见杂草。分布于我国南北各省区。

图1–4　叶

图1–5　植　株

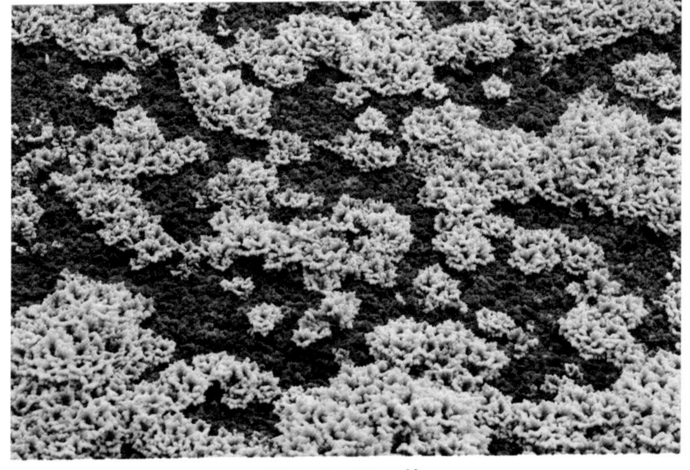

图1–6　群　体

3.蘋科 Marsileaceae

多年生浅水生或湿生草本。根状茎细长，节上生根。不育叶有长柄，小叶4片，能育叶变成孢子果，孢子囊多数。

遍布全国。我国有2种，主要杂草有1种。

四叶萍 *Marsilea quadrifolia* L.

【识别要点】 植株高5～25厘米，根状茎细长而匍匐，二叉分枝，茎节向下生须根，向上生叶。须根上具毛状侧根；叶柄细长，小叶4片呈十字形排列，小叶飘浮或挺出水面。孢子果着生于叶柄基部，幼时绿色，被毛，成熟后褐色，无毛，大孢子囊和小孢子囊同生于一个孢子果内，大孢子囊仅一个大孢子，小孢子囊内具多数小孢子（图1–7至图1–9）。

【生物学特性】 多年生草本。以根状茎和孢子繁殖。冬季叶枯死，根状茎宿存；翌春分枝出叶，6～9月屡见幼苗，自春至秋不断

图1–7　植株

图1–8　叶

图1–9　田间危害症状

生叶和孢子果。子囊果抵抗力强，繁殖迅速，易迅速造成危害。

【分布与危害】分布于全国各地。喜生于水田或浅水地。为稻田主要杂草，发生量大，危害较重。

4.苋科 Amaranthaceae

空心莲子草 *Alternanthera philoxeroides G* (Mart.) Griseb.
水花生、水蕹菜、空心苋

【识别要点】 茎基部匍匐，上部斜升或全株茎秆平卧，具分枝，着地生根，茎中空，节膨大。叶对生，叶柄短；叶片长圆形、长圆状倒卵形或倒卵状披针形，全缘，两面无毛或上面有伏毛，边缘有睫毛。头状花序单生于叶腋，多朵无柄的白色小花集生组成。胞果不开裂（图1–10至图1–13）。

图1–10　幼　苗

图1–11　花

图1–12　群　体

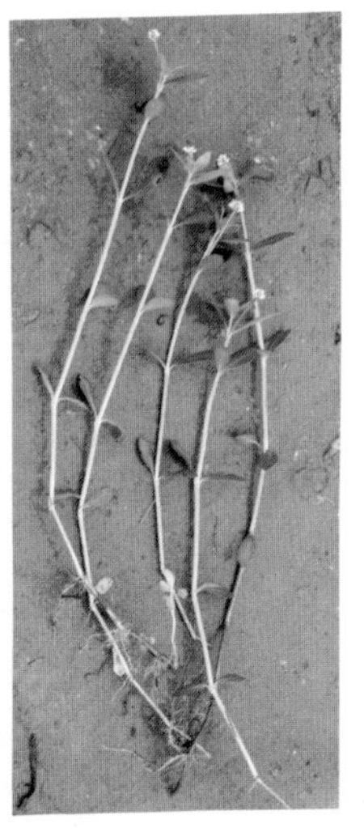

图1–13　植　株

【生物学特性】 多年生草本。以种子和根茎繁殖，3～4月间根茎开始萌芽出土，花期5～10月，果期8～11月。

【分布与危害】 分布于华东、华中、华南和西南地区。在水质肥沃的农田，生长旺盛，危害严重，是稻田主要恶性杂草，也是低湿秋熟旱作物田的恶性杂草。

莲子草 *Alternanthera sessilis* (L.) DC.

【识别要点】 株高10～45厘米，茎常匍匐（图1–14），绿色或稍带紫色，有纵沟，沟内有柔毛，节腋处密生长柔毛；叶对生，近无柄，叶片线状披针形、倒卵形或卵状长圆形，全缘或具不明显的锯齿。头状花序1～4个，腋生。胞果倒心形。

图1–14 群 体

【生物学特性】 一年生草本，种子繁殖，花期5～9月，果期7～10月，以匍匐茎进行营养繁殖和种子繁殖。

【分布与危害】 分布于中南各省区。喜生于水边、湿润地，为水田、菜园和果园的常见杂草。

腋花苋 *Amaranthus roxburghianus* Kung

【识别要点】 茎淡绿色，成株高30～50厘米，斜卧地面，多分枝无毛，有条纹。叶片菱状卵形或倒卵形，无毛，顶端微凹，具凸尖，基部楔形，叶全缘或略呈波状；叶柄纤细。花簇生于叶腋，花少数；花被3片，披针形，较苞片略长或等长。胞果卵形（图1–15）。

图1–15　单　株

【生物学特性】　一年生草本，种子繁殖。花期7～8月，果期8～9月份。

【分布与危害】　分布于河北、河南、陕西、山西、甘肃、宁夏和新疆等地。部分蔬菜、棉花、豆类和玉米等作物田受害较

5.水马齿科 Callitrichaceae

一年或二年生草本，水生、沼生或湿生。茎细弱，叶对生，倒卵形、匙形或线形，全缘，无托叶。花细小，单性，雌雄同株，常单生于叶腋，花无花被，仅有2片膜质小苞片，早落，雄花有1雄蕊；雌花有1雌蕊，花柱2，有毛，子房4室，每室1胚珠。

本科仅有水马齿属1属，约35种。我国约有5种，其中有杂草3种，南北都有分布，主要危害水稻。

水马齿 *Callitriche sfagnalis* Scop.

【识别要点】　茎纤细，长10～30厘米。叶对生，于茎顶者排列呈莲座状，浮于或露出水面，倒卵形或倒卵状匙形，长3～8毫米，

宽2～5毫米，离基3脉，先端圆钝，基部渐狭成柄，两面有褐色小斑点，沉水叶匙形或长圆状披针形，长6～10毫米，宽1～4毫米。花单性，同株，单生叶腋，或雌、雄花各一，同生于一叶腋内，小苞片兽角状，海绵质，早落，花小，无花梗，雄花具1雄蕊，花丝细长，长2～4毫米，花药心形，雌花具1雌蕊，子房倒卵形，先端圆或微凹，花柱2，纤细，长1.5～2毫米，有毛。花梗短，长约0.5毫米。果实近圆形至横椭圆形，淡褐色，两端微凹，具2个宿存的花柱，成熟后开裂为4枚小坚果，小坚果一侧边缘有宽翅（图1–16）。

图1–16　群　体

【生物学特性】 一年生或二年生草本。花果期4～7月。以种子繁殖，因种子细小，随水传播。种子于秋季萌发，以幼苗越冬。

【分布与危害】 生长于水渠，池塘、沼泽、湿地及稻田中，喜酸性至中性土壤，适生于开旷的水域内，本种系水田常见杂草，但发生量小，易于拔除，危害轻。分布于河北、河南、华东、湖南、西南及台湾等省区，各大洲也有分布。

沼生水马齿 *Callitriche palustris* L. 春水马齿

【识别要点】 植株有水生及陆生2种类型。水生型。根纤细，丝状。茎细长，长30～40 厘米，丛生，分枝多，常于节处生根。叶对生，于茎顶者密集呈莲座状，浮于水面，倒卵形或倒卵状匙形，长4～6毫米，宽约3毫米，先端圆或微钝，基部渐狭，两面疏生褐色小斑点，3脉，茎上其他叶则沉入水中，匙形或线形，常具3脉，稀为1脉。陆生型个体较水生型为小，长10～25厘米，节间短而粗壮，茎顶莲座状叶匙形，先端圆，基部狭窄，下部茎生叶长卵状倒卵形或近匙形，皆具3脉。花单性，单生叶腋，或雌、雄花各1同生于一叶腋内，小苞片2，雄花具1雄蕊，雌花具1雌蕊，子房倒卵形。果实倒卵状椭圆形或倒卵形，带黑色，扁平，基部有短柄，成熟后开裂成4个小坚果，小坚果上部边缘有狭翅。种子椭圆形或肾形，棕褐色，有多角形的网眼（图1–17）。

图1–17　植　株

【生物学特性】　一年生草本。种子于5～6月萌发。在潮湿土壤上生长的植株，粗壮而多分枝，花期也早，而水生者则细而纤细，花期晚，结实也少。花期7～8月，果期8～9月。以种子繁殖，随水流而传播各处。

【分布与危害】　生长在溪流、沼泽、水田、沟渠、林中湿地及水稻田中，在局部管理粗放的稻田中常有发生，但发生量小。喜微酸性至中性土壤，适生于开旷的水域内。分布于黑龙江、吉林、安徽、浙江、福建、台湾及四川等省。

6.金鱼藻科 Ceratophyllaceae

沉水多年生草本。茎细长分枝。叶轮生，无柄，二歧式细裂；无托叶。花小，单性，雌雄同株或异株，无梗，单生叶腋；无花被，具6～12个总苞片。果实为坚果。仅有1属，约3种。我国仅有1种，分布各地。

金鱼藻 *Ceratophyllum demersum* L. 细草、软草

【识别要点】 茎细长，平滑，长20～40厘米。叶常4～12片轮生，通常为1～2回二叉状分歧，裂片丝状线形或线形，稍脆硬，边缘仅一侧散生刺状细齿。花小，单性，常1～3朵生于节部叶腋，下具极短的花梗。坚果椭圆状卵形或椭圆形，黑色（图1–18至图1–19）。

图1–18 植 株

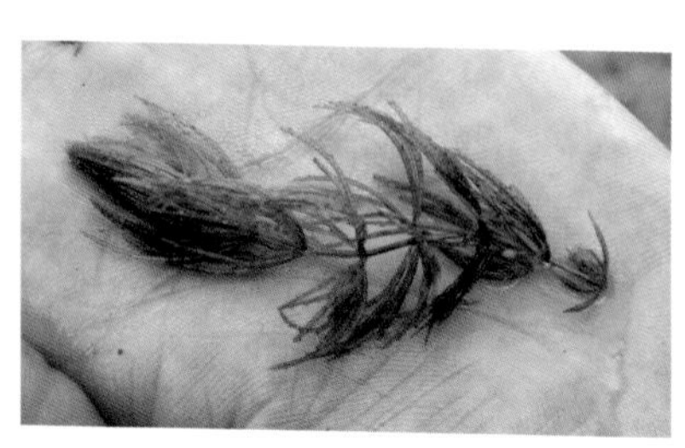

图1–19 茎叶

【生物学特性】 多年生沉水性草本。在东北及华北地区，花期6～7月，果期8～9月。以休眠的顶芽越冬，同时也以种子繁殖。

【分布与危害】 常在水层较深、长期浸水的水稻田中危害，在藕田和菱塘中也有生长，由于它在田中吸收肥分，降低水温，从而影响水稻的分蘖及根系的发育。在池塘、水沟、水库及水流平缓的小河内也有生长。本种全国各地都有分布。

7.小二仙科 Haloragidaceae

陆生或水生草本。叶互生、对生或轮生，沉水叶常为篦齿状深裂或全裂；无托叶。花小，两性或单性，腋生、单生、簇生或成顶生穗状花序、圆锥花序或伞房花序；萼筒与子房合生，萼片2～4个或缺；花瓣2～4个或缺。果实为核果或坚果，小形。

约7属，100余种，主产大洋洲，广布于全世界。我国有2属，6种。

小二仙草 *Haloragis micrantha* (Thunb.) R. Br. 豆瓣菜、砂生草

【识别要点】 细弱分枝草本，高15～40厘米；茎直立或下部平卧，具纵槽（图1–20），多少粗糙。叶小，具短柄，对生，通常卵形或圆形，长7～12毫米，宽4～8毫米，边缘具锯齿，通常无毛，茎上部的叶有时互生。花序是由多数下垂的淡红色小花在枝上组成总状花序，枝条再排列成顶生及腋生的圆锥花序；花两性，极小，直

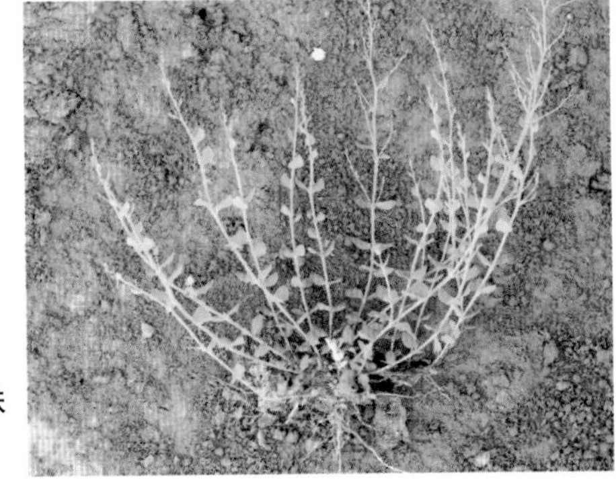

图1–20　单　株

径约1毫米，基部具1苞片与2小苞片；花萼4深裂，萼筒较短，裂片三角形；花瓣4，红色；雄蕊8；子房下位，4室，花柱4，内弯。核果极小，近球形，无毛，有8钝棱。

【生物学特性】 多年生小草本，6～7月开花。根茎及种子繁殖。

【分布与危害】 分布于台湾、福建、浙江、安徽、江西、湖南、四川、贵州、云南、广西、广东。喜生于荒坡与砂地上，常见于路旁、果园、苗圃等地，危害轻。

狐尾藻 *Myriophyllum spicatum* L. 泥茜、银尾藻

【识别要点】 茎平滑，圆而细，长1～2m，多分枝，叶通常4～6片轮生，长约2.5～3.5厘米，有短柄或无，叶片羽状深裂，裂片如丝，全形羽毛状（图1–21）。穗状花序，顶生，苞片长圆或卵形，全缘，小苞片近圆形，边缘有细齿；花两性或单性，雌雄同株，常4朵轮生于花序轴上；若为单性花，则雄花位于花序上部，雌花位于下部；花萼小，深裂，萼筒极短；花瓣4片，近匙形。果实小，卵圆状壶形。

图1–21　单　株

【生物学特性】 多年生沉水草本，4～9月开花，花期花序轴伸出水面。越冬芽、根茎及种子繁殖。

【分布与危害】 常生于池塘沟渠中，深水稻田也有。全国均有分布。

8. 千屈菜科

草本。茎常四棱形。单对生，全缘，无托叶。花两性，单生或簇生、或成顶生或腋生的穗状、总状花序。蒴果。

我国约48种，广布于全国各地，其中常见杂草有5种。

耳叶水苋 *Ammannia arenaria* H.B.K.

【识别要点】 植株高15～40厘米，无毛。茎有4棱，常多分枝。叶对生，无柄，狭披针形，叶基戟状耳形，长1.5～5厘米，宽3～8毫米。腋生聚伞花序，有总花梗，苞片和小苞片钻形，花稀疏排列，花萼筒状钟形，长约2 毫米，萼齿4，呈三角形花瓣4片，淡紫色，长约1.2毫米，雄蕊4～6；子房球形，花柱长于子房，长约2毫米，稍伸出萼外。蒴果球形，直径约3毫米，不规则开裂，种子极小，呈三角形，无胚乳（图1–22至图1–25）。

图1–22　叶

图1–23　花

图1–24　果

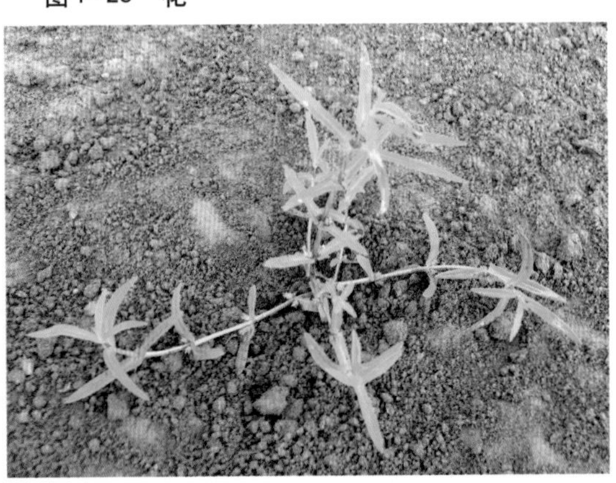

图1–25　单　株

【生物学特性】 一年生湿生草本。一般为夏秋开花，但亦有报道花期更晚。种子繁殖。

【分布与危害】 分布于浙江、江苏、河南、河北南部、陕西、甘肃南部等地。生于湿地或稻田中，为水稻田及其他浅水田的杂草，常成片生长，有些地方由于数量多，对作物有一定危害。

水苋菜 *Ammannia baccifera* L.

【识别要点】 植株高7～30厘米，无毛。茎有4棱，多分枝。叶对生，线状披针形、倒披针形或狭倒卵形，长1.5～5厘米，宽1.5～13毫米，叶基渐狭成短柄或无柄。聚伞花序腋生，有短梗，花密集。苞片小，钻形，花萼钟状，长约1毫米，有4齿，呈正三角形，无花瓣；雄蕊4，稍短于花萼，子房球形，花柱长约为子房长度之半，约0.4毫米。蒴果球形，紫红色，直径1～1.5毫米，在中部以上不规则的盖裂。种子极小，呈三角形（图1–26、图1–27）。

图1–26 单 株

图1–27 花 序

【生物学特性】 一年生，种子繁殖。夏秋时逐渐开花成熟。

【分布与危害】 分布于中南地区。生于湿地或稻田中，为水稻田及其他浅水田的杂草。

节节菜 *Rotala indica* (Willd.) Koehne

【识别要点】 株高5～15厘米，有分枝，茎略呈四棱形，光滑，略带紫红色，基部着生不定根。叶对生，无柄，叶片倒卵形、椭圆形或近匙状长圆形，长5～10毫米，宽3～5毫米，叶缘有软骨质狭边。花成腋生的穗状花序，长6～12毫米，苞片倒卵状长圆形，叶状，小苞片2，狭披针形，花萼钟状，膜质透明，4齿裂，宿存，花瓣4片，淡红色，极小，短于萼齿，雄蕊4枚，与萼管等长，子房上位，长约1毫米。花柱线形，长约为子房的一半或近相等（图1–28、图1–29）。

图1–28 单 株

图1–29 花 序

【生物学特性】 一年生草本，以匍匐茎和种子繁殖。6～9月出苗，花果期8～10月。冬季全株死亡。

【分布与危害】 中国中南部常见杂草。适生于较湿润或水田，为稻田重要杂草。

多花水苋 *Ammannia multiflora* Roxb.

【识别要点】 植株高8～35厘米，光滑无毛。茎有4棱，多分枝（图1-30）。叶对生，线状披针形，长1.8～3.5厘米，宽2～5毫米，近无柄，基部戟状耳形，聚伞花序腋生，长4～8毫米，有细总花梗，苞片和小苞片极小，钻形，花萼钟状，长约1.5毫米，有4萼齿，钻形，花瓣紫色，4片，倒卵形，雄蕊4，子房球形，花柱比子房稍短，长约0.8毫米。蒴果球形，直径约2毫米，不规则开裂。种子极小，呈三角形。

图1-30 单 株

【生物学特性】 一年生草本。9～10月开花。种子繁殖。

【分布与危害】 生于湿地或稻田。为稻田杂草，有中度危害。华东普遍生长，华南、台湾均有分布。

轮叶节节菜 *Rotala mexicana* Cham.et Schltdl. 水松叶

【识别要点】 植株高3～10厘米，光滑无毛。茎下部生水中，无

图1–31　群　体

叶，节上产生不定根图1–31）；茎上部露出水面，有叶，长披针形，常3～4片轮生，无毛，无柄，叶长3～7毫米，宽0.5～1毫米。花小，腋生，苞片2，钻形，与萼近等长，花萼钟形，长约1毫米，有4～5个萼齿，无花瓣，雄蕊2～3个，子房球形，花柱极短。蒴果，球形，2或3瓣裂。果实中有多数种子，其形小。

【生物学特性】 一年生草本。茎在水中的，其上有不定根，露出水面的茎有轮生叶。夏秋时开淡红色小花。种子繁殖及在水中的茎节长出新植株蔓延。

【分布与危害】 生于溪边浅水中，或潮湿处。为湿地的一般性杂草。浙江、江苏、陕西、河南均有分布。

9.柳叶菜科 Onagraceae

一年生或多年生草本，单叶，对生或互生；花两性，通常生于叶腋或为总状和穗状花序，花4瓣。果实常为朔果。

本科全世界约650种，我国杂草有10种，常见有1种。

丁香蓼 *Ludwigia prostrata* Roxb．红豇豆、草龙

【识别要点】 茎近直立或基部斜上，高30～80(100)厘米，有分枝，具纵棱，淡绿色或带红紫色，秋后全变为红紫色，无毛或疏被短毛。叶互生，叶柄长3～10毫米，叶片披针形或长圆状披针形，长2～5(8)厘米，宽4～15(27)毫米，先端渐尖或钝，基部楔形，全

缘，近无毛。花单生于叶腋，无梗，基部有2小苞片，花萼筒与子房合生，裂片4，卵状披针形，绿色，外面略被短柔毛，花瓣4，黄色，倒卵形，稍短于花萼裂片，雄蕊4，子房下位，花柱短，柱头头状。蒴果线状柱形，具4钝棱，稍带紫色，熟后室背果皮成不规则破裂，含多数种子，种子椭圆形(图1—32、图1—33)。

图1—32　单　株　　　　图1—33　果

【生物学特性】 一年生草本。在嘉陵江上游的稻田中生长的5～6月出苗，花果期7～10月。种子随流水或风传播、繁殖。

【分布与危害】 分布全国，但主要在长江以南各省区，朝鲜、日本、印度至马来西亚也有。为水稻田及湿润秋熟旱作物地主要杂草，特别是水稻种植区。水改旱，常会大量发生，局部地区危害重。

西伯利亚蓼 *Polygonum sibiricum* Laxm.

【识别要点】 根状茎细长；茎高10～30厘米，直立或斜上，常自基部分枝（图1—34）。叶有短柄；叶片长椭圆形，披针形或线形，长2～15厘米，宽5～15毫米，先端钝，基部戟形或楔形，近肉质，无毛，有腺点；托叶鞘筒状，无毛，顶端常有短睫毛。花序圆锥状，不太紧密，顶生；苞片漏斗状，先端截形或有小尖头，内有5～6朵花；花梗中上部有关节；花黄绿色，有短梗；花被5深裂，裂片近长圆形，长约2～3毫米；雄蕊7～8；花柱3，甚短，柱头头状。瘦果卵圆形，有3棱，棱钝，黑色、平滑而有光泽。

【生物学特性】 具细长根状茎的多年生草本。花果期6～9月。种子及根茎繁殖。

【分布与危害】 常生于盐碱荒地或砂质盐碱土上，盐化草甸、盐湿低地以及路旁或田边，常形成单优势层片或群落。为常见之夏收作物田及秋收作物田杂草，对麦类、油菜、甜菜、马铃薯及棉花、玉米、大豆、谷子等有较重危害。分布于我国东北、内蒙古、华北、陕西、甘肃及西南地区。

图1–34　单　株

黏毛蓼 *Polygonum viscosum* Buch.-Ham. 香蓼

【识别要点】 茎高50～120厘米，直立，上部分枝或不分枝，全株密生长毛和有柄的腺毛，常分泌有黏液（图1–35）。叶有柄，长1～2厘米；叶片披针形，长5～14厘米，宽1.5～3.5厘米，先端渐尖，基部楔形，两面和叶缘皆被短伏毛，主脉被长毛；托叶鞘筒形，膜质，长7～15毫米。密生长毛，顶端平截形，有短睫毛。穗状花序紧密，圆柱状，长3～5厘米，顶生或腋生；总花梗有长毛和密生有柄腺毛；苞片绿色，被柔毛和腺毛，花被红色，5深裂，裂片长约3毫米；雄蕊8；花柱3，柱头头状。瘦果宽卵形，长约3毫米，有3棱，黑褐色，有光泽，包于宿存花被内。

【生物学特性】 一年生草本，有香味。花果期7～9月。种子繁殖。

【分布与危害】 常生于水边和路旁湿地。为常见之路埂杂草。分布于我国吉林、辽宁、河南、浙江、福建、江西、江苏、广东、云南和贵州等省。

图1-35 单 株

10.毛茛科（Ranunculaceae）

草本，直立，有时灌木或木质藤本。单叶或复叶，互生或对生，全缘，有锯齿或分裂；无托叶。花两性，稀单性；花单生、聚伞状、总状或圆锥状花序。果实为瘦果或蓇葖果，稀为浆果或蒴果。

约54属，1 500种，主产北温带。我国约38属，593种。常见杂草有2种。

毛茛 *Ranunculus japonicus* Thunb. 老虎脚迹、五虎草

【识别要点】 须根多数簇生。茎直立，高30～70厘米，有伸展的白色柔毛。基生叶和茎下部叶相似，有长达15厘米的叶柄，叶片五角形，长3.5～6厘米，宽5～8厘米，3深裂，中裂片宽菱形

或倒卵形，3浅裂，边缘有粗齿或缺刻，侧裂片不等地2裂，两面贴生柔毛，茎中部叶有短柄，上部叶无柄，叶片较小，3深裂，裂片线状披针形，上端有时浅裂或数齿。聚伞花序疏散，多花，花直径1.5~2厘米，花梗长达8厘米；萼片椭圆形，外被白柔毛，花瓣5，倒卵状圆形，长6~11毫米，宽4~8毫米，基部蜜腺有鳞片，花托短小，无毛。聚合果近球形，直径6~8毫米，瘦果扁平，长2~2.5毫米，边缘有宽约0.2毫米的棱，无毛，喙短直或外弯，长约0.5毫米（图1–36、图1–37）。

图1–36 花 果

图1–37 单 株

【生物学特性】 一年生或二年生草本。花果期4~9月。种子繁殖。

【分布与危害】 生于田沟旁和林缘路边的湿草地上，为果园、茶园及路埂常见杂草。发生量较大，危害较重。除西藏外，我国各省区广布，朝鲜、日本、前苏联远东地区也有。

茴茴蒜 *Ranuneulus chinensis* Bunge

【识别要点】 株高15~50(70)厘米。茎与叶柄均密被伸展的淡黄色糙毛（图 1–38）。叶为三出复叶；叶片宽卵形，中央小叶具长柄，长 8～16 毫米，3 深裂，裂片狭长，上部生少数不规则锯齿，侧生小叶具短柄，不等 2～3 深裂，茎上部叶变小；基生叶和下部叶具长柄，长达 12 厘米。单歧聚伞花序，具疏花；花梗贴生糙毛，萼片 5，淡绿色，船形；花瓣 5，黄色，宽倒卵形。花托在果期伸长。聚合果椭圆形。

图 1–38　单　株

【生物学特性】 多年生草本。华北地区花、果期 5～9 月。生活力强。

【分布与危害】 适生于潮湿环境，生于水田边、溪边、湖旁及湿草地。为水田边极常见的一种杂草。危害轻。分布于全国各省区。

石龙芮 *Ranunculus sceleratus* L.

【识别要点】 茎直立，高 10～50 厘米，直径 2～5 毫米，有时粗达 1 厘米，无毛，上部多分枝，下部节上有时生不定根（图 1–39）。基生叶和下部叶有长 3～15 厘米的叶柄，叶片肾状圆形至卵形，长 1～4 厘米，宽 1.5～5 厘米，基部心形，3 浅裂至 3 深裂，有时全裂；上部叶较小，近无柄，3 深裂至全裂，裂片披针形至线形。聚伞花序有多数花；花小，直径 4～8 毫米；萼片椭圆形，长 2～3.5 毫米，外面有短柔毛；花瓣 5，黄色，倒卵形，与萼片几等长，基部蜜腺呈窝状；花托在果期伸长增大呈圆柱形，生短柔毛。聚合果长圆形，长8～12毫米，瘦果紧密排列，倒卵球形，稍扁。

【生物学特性】 一年生或二年生草本。花期3～5月，果期5～8月。种子繁殖。

【分布与危害】 适生于沟边、河边及平原湿地，为水田、菜地及路埂常见杂草，发生量较大，危害较重。广布于全国各地，在亚洲、欧洲、北美洲的亚热带至温带地区亦有广布。

图1–39 单 株

11.玄参科 Scrophulariaceae

叶对生，少数互生或轮生，无托叶。花两性，花萼4～5裂，花冠合瓣， 4～5裂。多为蒴果。

本科约200属，3 000种，广布于全世界。我国约60属，634种，分布于南北各地，西南部发生较多。常见杂草有11种。

陌上菜 *Lindernia procumbens* (Krock.) Borbas

【识别要点】 直立无毛草本，根细密成丛，茎方，基部分枝，高5～20厘米，无毛。叶无柄，叶片椭圆形至长圆形，顶端钝至圆头，全缘或有不明显的钝齿，两面无毛。花单生于叶腋，花梗纤细，比叶长，无毛。萼片基部合着，齿5，线状披针形；花冠粉红色或紫

色，上唇短，2浅裂，下唇大于上唇，3浅裂。蒴果卵圆形（图1−40至图1−42）。

图1−40 幼 苗

图1−41 单 株

图1−42 果

【生物学特点】 种子繁殖，一年生草本。花期7～10月，果期9～11月。

【分布与危害】 全国各地均有分布。喜湿，为稻田常见杂草，发生量大，危害较重。

水苦荬 *Veronica undullata* Wall.

【识别要点】 根状茎倾斜，多节。茎直立，高15～40厘米，肥壮多水分，中空，有光泽（图1−43、图1−44）。叶对生，无柄，长卵圆状披针形或长卵圆形，先端钝，基部呈耳状或圆，稍抱茎，全缘或具波状细齿，中脉明显，下陷，在背面隆起。穗形总状花序腋生，花柄几乎展。萼4片深裂，裂片狭椭圆形至狭卵形，绿色，宿存。花冠淡紫色或白色，具淡紫色条纹，花冠管短，先端4裂，最上裂片较大，易脱。蒴果球形。

【生物学特点】种子繁殖，二年生或一年生草本，春夏开花。

【分布与危害】我国除内蒙古、青海、宁夏、西藏外，均有分布。生于田边湿地。

图1–44　花

图1–43　单　株

北水苦荬 *Veronica anagallis-aquatica* L.

【识别要点】　株高30～60(100)厘米，常全体无毛，稀花序轴、花梗、花萼、蒴果有疏腺毛。茎稍肉质，基部匍匐状（图1–45）。叶对生，叶片卵状长圆形至条状披针形，长(2)4～7(10)厘米，稍钝头，基部圆，无柄，上部的叶半抱茎，全缘或有疏而小的锯齿。总状花序腋生，长5～12厘米，比叶长，宽不足1厘米，多花；花梗弯曲上升，与花序轴成锐角；苞片与花梗近等长，花萼4深裂，裂片卵状披针形，长约3毫米，急尖；花冠辐状，淡蓝紫色或白色，直径4～5毫米，筒部极短，裂片宽卵形，花柱长1.5～2毫米。雄蕊2，突出。蒴果卵圆形或近球形，长约3毫米，长与宽近相等，顶端凹；种子多数，长约0.3毫米，扁，椭圆形至卵形，表面淡黄色至黄褐色。

【生物学特性】　多年生草本，具根状茎。华北地区花期6～8月，果期 7～9 月。

【分布与危害】 为水稻田中及蔬菜地常见杂草，危害不重。广布于长江以北及西北、西南各省区，江苏、浙江、江西也有发现，亚洲温带其他地区及欧洲也有。

图 1–45　单　株

通泉草 *Mazus japonicus* (Thunb.) Kuntze.

【识别要点】 主根伸长垂直向下或短缩；须根纤细，散生或簇生（图 1–46）。茎高 5～30 厘米，且斜倾，分枝多而披散，少不分枝。基生叶有柄，叶片倒卵形至匙形，边缘具不规则的粗钝锯齿，基部楔形，下延至柄呈翼状；茎生叶对生或互生，少数与基生叶相似。总状花序顶生，常在近基部生花，花稀疏，花梗在果期长达 10 毫米，上部的较短；萼片与萼筒

图 1–46　单　株

近等长；花冠紫色或蓝色，上唇短直，2裂，裂片尖，下唇3裂，中裂片倒卵圆形。蒴果球形。

【生物学特性】 种子繁殖，一年生草本。花果期长，4～10月相继开花结果。

【分布与危害】 遍布全国，喜生潮湿的环境，危害小。

匍茎通泉草 *Mazus miguelii* Makino

【识别要点】 主根短缩，须根多数，纤维状丛生(图1–47)。茎有直立茎和匍匐茎，直立茎倾斜上升，高10～15厘米，匍匐茎花期发出，长达15～20厘米，节上生根或否。基生叶常多数成莲座状，倒卵状匙形，有长柄，连柄长3～7厘米，边缘具粗锯齿，有时近基部缺刻状羽裂。茎生叶在直立茎上的多互生，在匍匐茎上的多对生，具短柄，连柄长1.5～4厘米，卵形或近圆形，具疏锯齿。总状花序顶生，花稀疏，下部的花梗长达2厘米，越上越短。花萼钟状漏斗形，长7～10毫米，萼齿与萼筒等长，披针状三角形。花冠紫色或白色而有紫斑，长1.5～2厘米，上唇短而直立，2裂，下唇3裂片突出，倒卵圆形，中片最小，喉部有2条隆起，上有棕色斑纹，并且短白毛，花冠易脱落。蒴果卵形至倒卵形或球形微扁，绿色，稍伸出萼管，开裂，种子细小而多数。

图1–47　单　株

【生物学特性】 多年生小草本。花果期2～9月。以匍茎和种子繁殖。

【分布与危害】 生于田边、路旁湿地、荒地及疏林中。为一般性杂草。分布于江苏、浙江、安徽、江西、湖南、台湾等省。

毛果通泉草 *Mazux spicatus* Vaniot．穗花通泉草

【识别要点】 高10～30厘米，全株具多细胞白色或浅锈色长柔毛(图1–48)。主根短。茎圆柱形，基部常木质化并多分枝，直立或倾斜状上升，着地部分常生根。基生叶少数，早枯萎；茎生叶对生或上部的互生，倒卵形至倒卵状匙形，膜质，连柄长1～5厘米，宽0.5～2厘米，顶端钝圆，基部渐狭成带翅的叶柄，边缘有粗锯齿。总状花序顶生，长达15～20厘米，花稀疏；苞片钻形；花萼钟状，果期长达8毫米，5中裂，裂片披针形，急尖；花冠白色或淡紫色，长8～12毫米，上唇2裂，裂片急尖，下唇3裂，中裂片突出，卵圆形，顶端微凹，子房被短毛。蒴果小，卵球形，淡黄色，被长硬毛；种子细小多粒，表面有细网纹。

图1–48 单 株

【生物学特性】 多年生草本。花期5～6月；果熟期7～8月。

【分布与危害】 分布于湖北、湖南、陕西、四川、贵州等省区。

弹刀子菜 *Mazus stachydifolius* (Turcz.) Maxim.

【识别要点】 全株被白色长柔毛。根状茎短；茎直立，高10～50厘米，不分枝或在基部有少数分枝（图1–49）。基生叶匙形，有短柄，常早枯萎；茎生叶对生，上部常互生，叶片长椭圆形至倒卵状披针形，长2～4(7)厘米，宽5～12毫米，边缘有不规则锯齿。总状花序顶生，长2～20厘米，花稀疏；花萼漏斗状，果时增长达16毫米；花冠紫色，唇形，上唇2裂，裂片尖锐，下唇3裂，中裂片宽而圆钝，有2条着生腺毛的皱褶直达喉部，着生在花冠筒的近基部；子房上部被长柔毛。蒴果圆球形，有短柔毛，包于宿存萼筒内；种子多数，细小，团球形。

【生物学特性】 多年生草本。花果期4～9月。种子繁殖。

【分布与危害】 适应性强，喜生于较干旱和湿润处，常生于山坡、草地、林缘和路旁，为果、桑、茶园和路埂常见杂草，发生量小，危害轻。分布于东北、华北、华东、华中、福建、广东、广西、台湾、四川和西藏等地。

图1–49　单　株

石龙尾 *Limnophila sessiliflora* (Vahl) B.

【识别要点】 茎通常多少被多细胞柔毛，高（5）10～40厘米，常丛生。叶5～8枚轮生，无柄；叶片轮廓长卵形至披针形（图1-50），长(0.5) 1～2.5厘米，背面有腺点，2型，沉水者羽状丝裂，气生者羽状深裂或羽状半裂。花无梗或近无梗；花萼钟状，长5～7毫米，疏被毛，有腺点，萼齿5枚，三角状钻形，略比萼筒长；花冠紫红色，筒状，长达12毫米，内面疏被毛。蒴果矩圆状卵形，长约4毫米，4裂。

图1–50 单 株

【生物学特性】 多年生两栖草本。花果期7月至次年1月。

【分布与危害】 分布于长江以南各省及台湾；日本，印度也有。生于稻田及浅水中。

12.马鞭草科 Verbenaceae

草本，灌木或乔木。叶对生，稀轮生或互生，单叶或复叶，无托叶。花序通常为穗状或聚伞状，再组成圆锥状、头状或伞房状，腋生或顶生；花两性，两侧对称，很少辐射对称；花萼杯状、钟状或管状，花冠合生。果实为核果或蒴果状。

约80属，1 300余种，主要分布在热带和亚热带地区，我国有21属，170余种，主要分布于长江以南各省；常见杂草有1种。

马鞭草 *Verbena officinalis* L.

【识别要点】 茎四方形，高30～60厘米，棱上披疏短刚毛，嫩茎有短柔毛。叶片卵圆形至长圆形，叶长4～13厘米，宽2～6厘米，茎生叶边缘通常有粗锯齿和缺刻，茎生叶通常羽状深裂，边缘具不整齐的锯齿，两面均被刚毛，背面沿叶脉较密。穗状花序顶生或腋生，细长，可达2～5厘米，每朵花有一苞片，萼片较花萼略短，均被粗毛，花无梗，最初密集，结果时较疏离，花冠蓝紫色或蓝色，内外两面均被微柔毛。小坚果近圆柱形（图1–51至图1–53）。

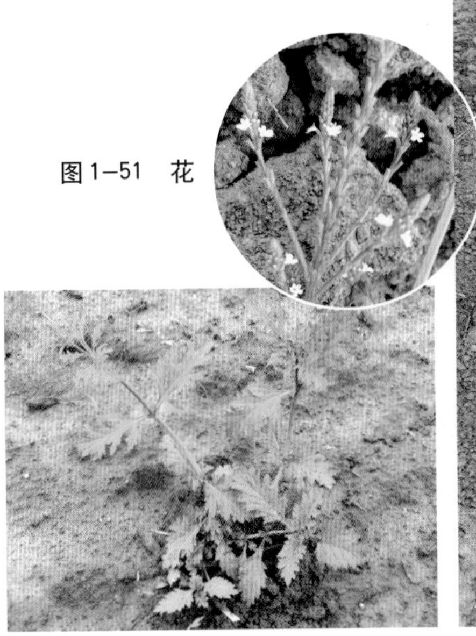

图1–51　花

图1–52　幼　苗

图1–53　单　株

【生物学特性】 多年生草本。花期5～7月，果期6～8月。种子繁殖。

【分布与危害】 适应性广，生于山坡、溪边、荒地或路旁，为果园、茶园和路埂常见杂草，发生量较少，危害轻。分布几遍全国。

13. 菊科 Compositae

单叶互生，少数对生或轮生，无托叶。具总苞的头状花序，瘦果。

本科约1 000属，25 000～30 000种，广布于全世界，主要分布于温带地区，热带较少。我国有230属，2 300多种，南北各地均产。我国常见杂草有61种。

鳢肠 *Eclipta prostrata* L. 旱莲草、墨草

【识别要点】 茎直立或匍匐，基部多分枝，下部伏卧，节处生根。叶对生，叶片椭圆状披针形，全缘或略有细齿，基部渐狭而无柄，两面被糙毛。头状花序有梗，总苞5～6层，绿色，被糙毛；外围花舌状，白色；中央花管状，4裂，黄色（图1–54至图1–57）。

图1–54 花

图1–55 果

图1–56 幼 苗

【生物学特点】 种子繁殖，一年生草本。5～6月出苗，7～8月开花结果，8～11月果实渐次成熟。子实落于土壤或混杂于有机肥料中再回到农田。喜湿耐旱，抗盐耐瘠、耐荫。具有很强的繁殖力。

【分布与危害】 分布于全国。为棉花、水稻田等危害严重的杂草，在局部地区已成为恶性杂草。

图1–57　单　株

鬼针草 *Bidens bipinnata* L. 婆婆针

【识别要点】 株高50～100厘米，茎直立，有分枝。中部和下部叶对生，上部叶互生，2回羽状深裂，裂片先端渐尖，边缘有不规则粗齿，两面被疏毛。总苞杯形，基部有柔毛；舌状花黄色，不能育；管状花黄色，能育。瘦果呈线形（图1–58至图1–60）。

图1–58　单　株

图1–59　幼　苗

图1–60　花

【生物学特性】 种子繁殖，一年生草本植物。4～5月出苗，8～10月开花、结果。

【分布与危害】 分布于全国。危害果、桑及茶园，也能危害其他旱田作物。

大狼把草 *Bidens frondosa* L. 接力草

【识别要点】 茎直立，略呈四棱形，上部多分枝，常带紫色，幼时节及节间分别被长柔毛及短柔毛。叶对生，奇数羽状复叶，下部叶柄长达8厘米，至茎上部渐短，小叶3～5枚，茎中、下部复叶基部的小叶又常三裂，小叶披针形至长圆状披针形，长3～9.5厘米，宽1～3厘米，基部楔形或偏斜，顶端尾尖，边缘具胼胝尖的粗锯齿，叶背被稀疏的短柔毛。头状花序单生于茎顶及枝端，总苞半球形，外层总苞片7～11(12)枚，倒披针状线形或长圆状线形，长12厘米，叶状，开展，边缘有纤毛。花序全为两性管状花组成；花柱2裂，裂片顶端有三角形着生细硬毛的附器。瘦果楔形，扁平，上有倒刺毛（图1−61至图1−64）。

图1−61　单　株

图1−62　幼　苗

图1−63　花

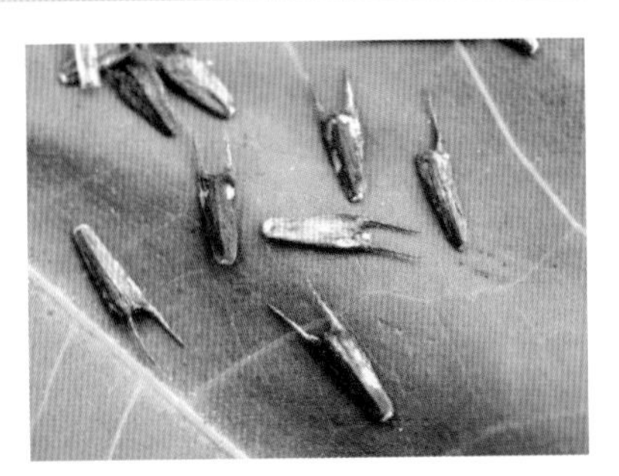
图1–63 种 子

【生物学特性】一年生草本。花果期7～10月。种子繁殖，以瘦果芒刺上的倒刺毛钩于牲畜体毛上传播。

【分布与危害】本种适应性强，喜于湿润的土壤上生长，生长在荒地、路边和沟边，在低洼的水湿处及稻田的田埂上生长更多，在稻田缺水的条件下，常侵入田中，大量发生，但在一般情况下，发生量小，危害轻，是一般性杂草。分布于辽宁、吉林、河北、浙江和江苏等地。

羽叶鬼针草 *Bidens maximowicziana* Oett.

【识别要点】 茎直立，高15～70厘米，略具4棱或近圆柱形，无毛或上部有稀疏短柔毛(图1–65)。茎中部叶具柄，柄长1.5～3厘米，具极狭的翅；叶片长5～11厘米，羽状全裂，侧生裂片(1)2～3对，疏离，通常线形至线状披针形，先端渐尖，边缘有内弯的粗锯齿，顶生裂片较大，狭披针形。头状花序单生茎顶及枝端。总苞于开花时直径约1 厘米，长0.5厘米，果时直径达1.5～2厘米，长7～10毫米；外层总苞叶状，8～10片，

图1–65 单 株

线状披针形，边缘有疏齿及缘毛，内层苞片膜质，披针形，果时长约6毫米。托片线形，边缘透明。无舌状花，管状花两性，花冠管细狭，冠檐壶状，4齿裂。瘦果扁平，倒卵形至楔形，长3~4.5毫米，宽1.5~2毫米，边缘浅波状，具瘤状小突起，并具倒刺毛，先端芒刺2枚，上有倒刺毛。

【生物学特性】 一年生草本。花果期7~9月。以种子繁殖。

【分布与危害】 生于沼泽、河滩湿地及水沟中，有时生于水稻田的田埂上及水沟边，但发生量小，不常见，是一般性杂草。分布于东北。

三叶鬼针草 *Bidens pilosa* L.

【识别要点】 株高30~80(100)厘米。茎直立。中部叶对生，3全裂或羽状全裂，裂片卵形或卵状椭圆形，顶端锐尖或渐尖，基部近圆形，边缘有锯齿，上部叶对生或互生，3裂或不裂(图1-66)。头状花序，直径8~9毫米。总苞基部被细软毛，外层总苞片7~8，匙形，绿色，边缘具细软毛，无舌状花，管状花黄色，长约4.5毫米，顶端5裂。瘦果呈线形，具4棱，稍有刚毛，芒刺3~4枚，上具倒刺毛。

图1-66 单 株

【生物学特性】 一年生草本。具芒刺的果实钩挂在人身、家畜或农具上，携带到各处而传播。4～5月出苗，8～10月开花、结果。以种子繁殖。

【分布与危害】 喜湿润的土壤，常生长于撂荒地、路边和疏林下，危害果、桑及茶园，也能危害其他旱田作物，但发生量小，危害轻，是常见杂草。分布于华中、华东、华南及西南等地区。

钻叶紫菀 *Aster subulatus* Michx.

【识别要点】 茎直立，高25～100厘米，无毛，有条棱，上部稍有分枝，基部略带红色（图1–67）。基生叶倒披针形，花后凋落；茎中部叶线状披针形，长6～10厘米，宽5～10毫米，主脉明显，侧脉不显著，无柄，光滑无毛；上部叶渐狭窄如线。头状花序多数于茎顶排列成圆锥状；总苞钟形；总苞片3～4层，外层较短，内层渐长，线状钻形，边缘膜质，无毛。舌状花舌片细狭，红色，长与冠毛相等或稍长；管状花多数，花冠短于冠毛。瘦果长圆形或椭圆形，被疏毛，淡褐色，有5条纵棱；冠毛淡褐色，长3～4毫米，上被短糙毛。

【生物学特性】 一年生草本，花果期9～11月。以种子繁殖。

图1–67　单　株

【分布与危害】 喜生长在潮湿含盐的土壤上，常见于沟边、路边及低洼地。危害秋收作物(棉花、大豆及甘薯)和水稻，也见于田边及路埂上，但发生量小，危害轻，是常见杂草。分布于河南、安徽、江苏、浙江、江西、湖北、贵州及云南等省。

女菀 *Turczaninowia fastigiata* (Fisch.) DC.

【识别要点】 茎直立，高30～100厘米，被短柔毛，上部有伞房分枝(图1–68)。下部叶在花期枯萎，线状披针形，长3～12厘米，宽0.3～1.5厘米，基部渐狭成短柄，先端渐尖，全缘；中部以上叶渐小，披针形或线形，背面灰绿色，被短毛及腺点，腹面无毛，边缘有糙毛，稍反卷。头状花序小，直径5～8毫米，密集成伞房状；花序梗细，有长1～2毫米的苞叶。总苞筒状，总苞片被密短毛，顶端钝，外层长圆形；内层倒披针状长圆形。花十几朵，外围有一层雌花，雌花舌状，花白色，筒部长2～3毫米；中央有多数两性花，花冠管状，冠毛约与管状花冠等长。瘦果长圆形，淡褐色。

图1–68 单 株

【生物学特性】 多年生草本。花果期8～10月。以种子繁殖。

【分布与危害】 生于荒地、山坡、田边及路旁等处，发生量很小，不常见，是路埂的一般性杂草。分布于东北、内蒙古、河北、山西、山东、河南、陕西、湖北、湖南、江西、安徽、江苏和浙江等省区。

14.泽泻科 Alismataceae

水生多年生草本。常有匍匐茎、根状茎。叶有长柄，叶基部有鞘。外轮花被成萼状，雄蕊6枚至多数，雌蕊心皮6枚至多数，离生。瘦果。

遍布全国，约20种，主要杂草有1种。

野慈姑 *Sagittaria trifolia* L.

【识别要点】 地下根状茎横走，先端膨大成球状的球茎。茎极短，生有多数互生叶，叶柄长20～50厘米，基部扩大。叶形变化很大，通常为三角箭形，长达20厘米，先端钝或急尖，主脉5～7条，自近中部外延长为两片披针形长裂片，外展呈燕尾状，裂片先端细长尾尖。花葶高15～50厘米；总状花序，3～5朵轮生轴上，单性，下部为雌花，具短梗，上部为雄花，具细长花梗；苞片披针形；外轮花被片，萼片状，卵形，顶端钝；内轮花被3片，花瓣状，白色，基部常有紫斑，早落；雄蕊多枚；心皮多数，密集成球形（图1–69至图1–71）。

图1–69　果

图1–70　花

图1–71　单　株

【生物学特性】 多年生水生草本。苗期4～6月，花期夏秋季，果期秋季。块茎或种子繁殖。

【分布与危害】 分布于全国各地。为水稻田常见杂草，北方部分水稻种植区，有时发生较重。

15.鸭跖草科 Comme linaceae

草本。节与节间明显。单叶互生，有叶鞘，叶片叶脉明显。花序顶生或腋生，萼3片常分离，花瓣3瓣联合成筒状而两端分离。

遍布全国。我国约有13种，主要杂草有1种。

水竹叶 *Murdannia triquetra* (Wall.) Brackn．肉草

【识别要点】 茎不分枝或分枝，被一列细毛，基部匍匐，节上生根（图1–72）。叶片线状披针形，长4～8厘米，宽5～10毫米。花单生于分枝顶端叶腋内。苞片披针形，长0.5～2厘米，花梗长0.5～1.5厘米；萼片3枚，披针形，长5～7(9)毫米，花瓣蓝紫色或粉红色，倒卵圆形，长约7毫米，比萼薄而狭，能育雄蕊3枚，对萼而生，不育雄蕊3枚，顶端戟形，不分裂，花丝有长毛；子房长圆形，长2毫米，无柄，被白色柔毛。蒴果长圆状三角形，长5～7毫米，两端较钝，3瓣裂。种子稍扁，表面有沟纹。

图1–72 单 株

【生物学特性】 本种为多年生水生或沼泽生草本植物，也有报道为一年生，花果期6～9月。苗期4～5月。

【分布与危害】 分布于云南、四川、贵州、湖南、湖北、广东、海南、江苏、安徽、浙江、江西、河南等地，印度也有。常生于溪边、水中或草地潮湿处。为部分地区水稻田危害重的杂草。

疣草 *Murdannia keisak* (Hassk.) Hand. Mazz.

【识别要点】 茎长而倾卧，匍匐生根，枝梢上升。叶互生，叶片披针形(图1–73)，长4～8厘米，宽5～10毫米，基部有闭合的短鞘。聚伞花序顶生或腋生，由1～3朵花组成。苞片披针形，长0.5～20厘米。花梗长0.5～1.5厘米。萼片3，披针形，长5～9毫米，花瓣3，倒卵形，粉红色或蓝紫色，稀为白色，比萼长，雄蕊6，能育雄蕊3，与萼对生，不育雄蕊3，呈棒状，淡紫色，雄蕊于花丝基部均生长须毛；雌蕊子房椭圆形，花柱细长，柱头头状。蒴果长椭圆形，两端急尖。长5～9毫米，3室，每室具2粒种子。种子稍扁平，一端钝，另一端平截，褐色，有细条纹，长1.6～3毫米，宽1.5～2毫米，于一侧有缝隙状凹陷的种脐，于种脐背面一侧有一圆形脐眼状胚盖。

图1–73　单　株

【生物学特性】 一年生草本。以种子繁殖。

【分布与危害】 生于池边、沟边及河滩等处。常生于水田边，系一般性杂草，发生量小，危害轻。分布于东北、浙江、江西，福建、台湾等地，日本、朝鲜及前苏联远东地区也有分布。

16.莎草科 Cyperaceae

草本，多数有地下根。茎三棱，叶片线型排成三列，叶鞘闭合。总状花序，多数生于茎上。小坚果。

中国有500余种，常见杂草有34种，广布全国。

异型莎草 *Cyperus difformis* L. 球穗莎草

【识别要点】 秆丛生，扁三棱形，株高5～65厘米。叶基生，条形，叶短于秆。叶状苞片2～3片，长于花序；长侧枝聚伞花序简单，少数复出，穗生于花序伞梗末端，密集成头状（图1−74至图1−76）。

【生物学特性】 种子繁殖，一年生草本。北方地区，在5～6月出苗，8～9月种子成熟，经越冬休眠后萌发；长江中下游地区一年可以发生两代；热带地区周年均可以生长、繁殖。异型莎草的种子繁殖量大，易造成严重的危害。又因其种子小而轻，故可以随风散落、随水漂流，或随种子、动物活动传播。

图1−74 单 株

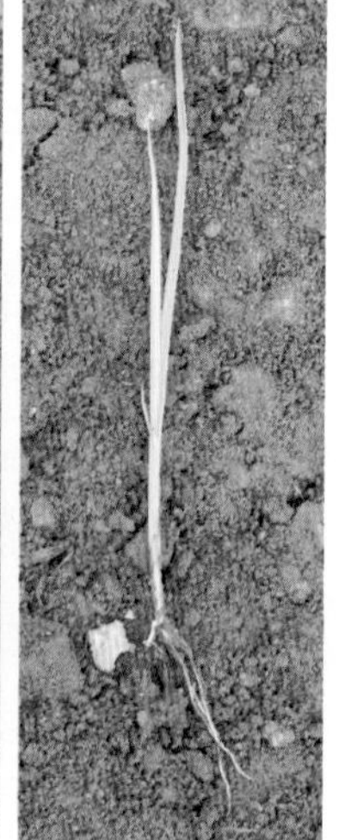

图1−75 幼 苗

图1−76 穗

【分布与危害】 分布于全国各地。为水稻田及低湿旱地的恶性杂草，尤以在低洼水稻田中发生危害重。

碎米莎草 *Cyperus iria* L.

【识别要点】 株高20～85厘米。秆丛生，直立，扁三棱形。叶基生，短于秆；叶鞘红褐色。苞片叶状3～5片，下部2～3片长于花序；花序长侧枝聚伞形复出，具4～9条长短不等的辐射枝，每枝有5～10个小穗状花序，每个小穗序上具5～22个小花；小穗长圆形，扁平，具6～22朵花（图1–77、图1–78）。

图1–77　花

图1–78　单　株

【生物学特点】 种子繁殖，一年生草本。5～7月出苗，7～10月开花结果。具有很强的繁殖力。

【分布与危害】 分布于全国各地。为水稻田危害严重的杂草。

牛毛毡 *Eleocharis yokoscensis* (Franch.et Sav.) Tang et Wang

【识别要点】 具极纤细匍匐地下根状茎，白色。茎秆纤细丛生，密集如毡，高3～10毫米。叶退化成鳞片状，叶鞘截形，淡红色。

小穗卵形，顶生（图1−79至图1−81）。

【生物学特性】 根茎和种子繁殖，多年生草本。越冬根茎和种子，5～6月相继萌发出土，夏季开花结实，8～9月种子成熟，同时产生大量根茎和越冬芽。牛毛毡虽然植株矮小，但繁殖力极强，蔓延迅速。营养繁殖(通过地下茎)极为迅速发达，也可以种子繁殖，常在稻田形成毡状群落，严重影响水稻生长。

【分布与危害】 分布于全国。为水稻田恶性杂草。

图1−79 茎

图1−80 单 株

图1−81 幼 苗

水莎草 *Juncellus serotinus* (Rottb.) C.B.Clarke

【识别要点】 匍匐根状茎细长。秆散生，高35～100厘米，粗壮，三棱状，略扁。叶基生，线形。苞片3片，叶状，比花序长1倍；长侧枝聚伞花序复出，4～7个辐射枝，每枝有1～4个穗状花序；小穗平展，有透明翅，鳞片2列，舟状，两侧红褐色，中肋绿色。小坚果倒卵形或圆形（图1−82、图1−83）。

【生物学特性】 多年生草本。苗期5～6月，花果期9～11月。小坚果渐次成熟脱落。以根状茎或种子繁殖。

【分布与危害】 分布于全国各地。为稻田主要杂草。其根状茎繁殖力极强，防治较为困难。

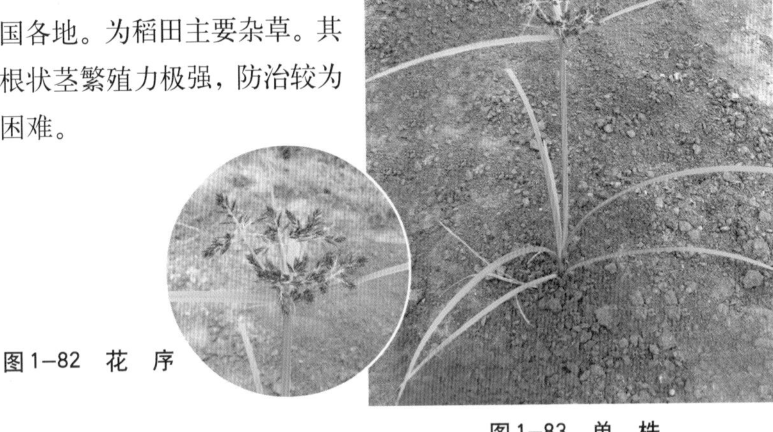

图1–82　花　序

图1–83　单　株

扁秆藨草 *Scirpus planiculmis* Fr.Schmidt

【识别要点】 具根状茎，顶端椭圆形或球形。秆单一，株高30～80厘米，扁三棱形，有多数秆生叶。叶片长线形，扁平，具长叶鞘。苞片叶状，1～3片，比花序长。长侧枝聚伞花序短缩成头状，或有时具1～2个短的辐射枝。通常具1～6个小穗，小穗卵形，锈褐色或黄褐色（图1–84至图1–87）。

图1–85　单　株

图1–86　幼　苗

图1–84　花　序

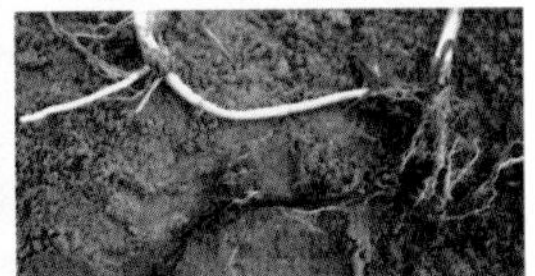

图1–87　根

【生物学特性】 多年生草本，以种子及块茎繁殖。当年种子处于休眠状态，第二年发芽，寿命5～6年。通常每一植株产生种子70～150粒。越冬的块茎呈球状，具3～5节，春季当环境适宜时，顶芽萌发出土形成再生苗，而块茎上的侧芽则形成细长的根状茎在耕作层中蔓延。花期5～6月，果期7～9月。

【分布与危害】 分布于全国。是稻田的恶性杂草。

聚穗莎草 *Cyperus glomeratus* L. 头状穗莎草、三轮草、状元花

【识别要点】 秆直立，粗壮，三棱形，基部膨大，单一或多数密集丛生，高10～150厘米。叶鞘褐色，叶片线形，宽3～8毫米，通常短于秆。叶状苞片3～8片，极长于花序。长侧枝聚伞花序具3～9个不等长的辐射枝（图1–88），于其延长的穗轴上(包括2级辐射枝)，密生多数小穗，组成长圆形或卵形的穗状花序，稀少辐射枝简化而呈头状。小穗多列，排列极密，线状披针形或线形，稍扁平，长5～10毫米，具8～20花；小穗轴细，具白色透明的翅；鳞片长圆形，顶端钝，淡棕色或血红色。小坚果长圆状三棱形。

图1–88 单 株

【生物学特性】 一年生草本。花果期6～10月。以种子繁殖，种子于翌年春季萌发。

【分布与危害】 生长在河岸、湖边、水沟及草甸内。本种有时侵入水生蔬菜如慈姑、荸荠及茭白田中危害，但发生量很小，易防除。分布于东北、华北、甘肃、安徽及江苏等地。

旋鳞莎草 *Cyperus michelianus* (Linn.) Link

【识别要点】 具许多须根。秆密丛生，高2～25厘米，扁三棱形，平滑。叶长于或短于秆，平张或有时对折。苞片3～6枚，叶状，基部宽，较花序长很多；长侧枝聚伞花序呈头状，卵形或球形，具极多数密集的小穗；小穗卵形或披针形（图1–89）；鳞片螺旋状排列，有时上部中间具黄褐色或红褐色条纹，具3～5条脉，中脉延伸出顶端呈一短尖。小坚果狭长圆形。

图1–89　单　株

【生物学特性】 一年生草本，花果期6～9月。以种子进行繁殖。

【分布与危害】 产于黑龙江、河北、河南、江苏、浙江、安徽、广东各省；多生长于水边潮湿空旷的地方，路旁亦可见到。

白鳞莎草 *Cyperus nipponicus* Franch.et Savat.

【识别要点】 具许多细长的须根。秆密丛生，细弱，高5～20厘米，扁三棱形，平滑，基部具少数叶。叶通常短于秆，或有时与秆等长，平张或有时折合；叶鞘膜质，淡红棕色或紫褐色。苞片3～5枚(图1–90)，叶状，较花序长数倍，基部较叶片宽些；长侧枝聚散花序短缩成头状，圆球形，直径1～2厘米，有时辐射枝稍延长，具多数密生的小穗；小穗无柄，披针形或卵状长圆形，具8～30朵花。小坚果长圆形。

图1–90 单 株

【生物学特性】 一年生草本，种子繁殖。4～5月出苗，花果期8～9月。

【分布与危害】 产于江苏、河北、山西等省；生长在空旷的地方。

畦畔莎草 *Cyperus haspen* L.

【识别要点】 秆丛生或散生，稍纤细，高10～60厘米，三棱形。叶片线形，两边内卷，中间具沟，短于秆；基部的叶鞘常无叶片。苞片2～3。长侧枝聚伞花序简单或复出，具8～12个细长的辐射枝，顶端有时具数个2级辐射枝；小穗通常3～6个（图1–91），于辐射枝顶呈指状排列，小穗呈线形或线状披针形，小穗轴直，无翅；10～30花；鳞片长圆状卵形，两侧红褐色或苍白色。 小坚果倒卵形。

【生物学特性】 一年生或多年生草本。花果期很长，随地区而异，通常7～11月。用种子及根状茎繁殖。

【分布与危害】 本种主要危害水稻，但发生量很小，不常见，危害不大。分布于华南、西南、安徽、江苏、湖南及台湾等地区。旁潮湿处；或长于浅水处，多在向阳的地方。

图1–91　单　株

具芒碎米莎草 *Cyperus microiria* Steud.

【识别要点】 秆丛生，高20～50cm，锐三棱形，基部具叶。叶短于秆。苞片叶状3～4枚，长于花序。长侧枝聚伞花序复出，具5～7个辐射枝(图1–92)，顶端3～6个穗状花序，穗状花序卵形或宽卵形或近于三角状卵形，小穗线形或线状披针形；鳞片膜质，背面具龙骨状突起，具3～5脉，中脉延伸于顶端成一尖头。小坚果倒卵状三棱形。

图1–92　单　株

【生物学特性】 一年生草本，5～6月出苗，花果期7～9月。种子繁殖。

【分布与为害】 适生水稻田边，为水稻田边及旱作物地、菜园常见杂草。在华南地区主要为害水稻、花生、甘蔗等作物。分布几遍全国。

褐穗莎草 *Cyperus fuscus* L.

【识别要点】 秆丛生，直立、三棱形，高15～30cm，叶较秆长或短。长侧枝聚伞花序复出或有时简单，具1～6个长短不等的辐射枝，小穗常多个聚集成头状(图1–93)，小穗线形，鳞片宽卵形，中央黄绿色，两侧红褐色。小坚果椭圆形或倒卵状椭圆形。

图1–93 单 株

【生物学特性 】一年生草本。花期6～8月，果期8～10月。以种子繁殖。

【分布与为害】为害水稻，在低湿地生长的棉花、豆类及薄荷等作物中，亦见有侵入。分布于东北、华北、西北、安徽、江苏及及广西等地。

球穗扁莎 *Pycreus globosus* (All.) Reichb.

【识别要点】 根状茎短，具须根。秆丛生，细弱，高7～50cm。

叶少，短于秆；苞片2～4枚，细长，较长于花序；简单长侧枝聚散花序具1～6个辐射枝，辐射枝长短不等，每一辐射枝具2～20余个小穗(图1–94)；小穗密聚于辐射枝上端呈球形，线状长圆形或线形，极压扁，具12～34(66)朵花；鳞片稍疏松排列，两侧黄褐色、红褐色或为暗紫红色。小坚果倒卵形。

图1–94 单 株

【生物学特性】 一年生草本，种子繁殖。3～4月出苗，花果期6～11月。

【分布与为害】 产于东北各省、陕西、山西、山东、河北、江苏、浙江、安徽、福建、广东、海南岛、贵州、云南、四川；生长于田边、沟旁潮湿处或溪边湿润的砂土上。

红磷扁莎 *Pycreus sanguinolentus* (Vahl) Nees

【识别要点】 高7～40cm。扁三棱形，平滑。叶稍多。苞片3～4枚，叶状；简单长侧枝聚伞花序，具2～5个辐射枝(图1–95)；辐射枝有时极短，由4～12个或更多的小穗密聚成短的穗状花序；小穗辐射展开，长圆形、线状长圆形或长圆状披针形。具6～24朵花；鳞片稍疏松地复瓦状排列，背面中间部分黄绿色，边缘暗血红色或暗褐红色。小坚果圆倒卵形或长圆状倒卵形。

图1–95 单 株

【生物学特性】 一年生草本，种子繁殖，4~6月出苗，花果期7~12月。

【分布与为害】分布很广，产于东北各省、内蒙古、山西、陕西、甘肃、新疆、山东、河北、河南、湖南、江西、福建、广东、广西、贵州、云南、四川等省区均常见到；生长于山谷、河旁潮湿处；或长于浅水处，多在向阳的地方。

三头水蜈蚣 *Kyllinga triceps* Rottb.

【识别要点】 根状茎短。秆丛生，高8~25厘米，扁三棱形。叶短于秆，边缘具疏刺。穗状花序3（1~5）个，排列紧密成团聚状，居中者宽圆卵形，长5~6毫米，侧生者球形，直径3~4毫米，均具极多数小穗。小坚果长圆形(图1–96)。

图1–96 单 株

【生物学特性】 多年生草本。以种子和根状茎进行繁殖。

【分布与危害】 生长于水边湿地，是一般性杂草。分布于广东及云南等省。

水蜈蚣 *Kyllinga arevfolia* Rottb．短叶水蜈蚣、原种水蜈蚣

【识别要点】 通常具匍匐枝，秆散生(于寒冷地区，匍枝不发达，秆丛生)，高7～20厘米，三棱形。叶片线形，秆基部的1～2个叶鞘常无叶片。苞片3～4，叶状，开展(图1–97)。穗状花序常单一，顶生，球形，具极多的小穗；小穗长圆状披针形或披针形，两侧压扁。小坚果长圆形或倒卵状长圆形。

图1–97　单　株

【生物学特性】 一年生或多年生草本。花果期5～9月，以匍匐枝及种子繁殖。

【分布与危害】 见于路旁湿地及水边，常生长在水稻田的田埂及田边，发生量小，危害轻，属于一般性杂草。分布于东北、陕西、河南、华东、华中、华南、台湾、贵州及云南等地。

夏飘拂草 *Fimbristylis aestivalis* (Retz.) Vah

【识别要点】 秆密丛生，纤细，高3～12厘米，扁三棱形。基生叶少数，叶片丝状，被疏柔毛；叶鞘短，棕色，外被长柔毛。苞

片3～5，丝状，被疏硬毛。长侧枝聚伞花序复出，具3～7个辐射枝(图1—98)；小穗单生于一级或二级辐射枝顶端，卵形、长圆状卵形或披针形，多花，鳞片红棕色。小坚果倒卵形，双凸状。

图1—98 单 株

【生物学特性】 一年生草本。花果期5～10月。以种子繁殖。

【分布与危害】 适生于湿地，常生长于池边及沟边，经常侵入水稻田内危害。分布于浙江、福建、广东、广西、四川、云南、海南及台湾等省区。

烟台飘拂草 *Fimbristylis stauntonii* Debeaux. et Franch

【识别要点】 秆丛生，扁三棱形，株高4～40厘米。基部有少数叶，叶条形。长侧枝聚伞花序，具少数辐射枝(图1—99)，小穗单生于辐射枝顶端。小坚果。

图1—99 单 株

【生物学特性】 种子繁殖，一年生草本。5～7月出苗，8～10月开花结果。喜湿，具有很强的繁殖力。

【分布与危害】分布广泛。生于湿地、稻田，为水稻田重要杂草。

水虱草 *Fimbristylis miliacea* (L.) Vahl

【识别要点】 无根状茎。秆丛生，高(1.5)10～60厘米，扁四棱形，具纵槽，基部包着1～3个无叶片的鞘(图1–100)。苞片2～4枚，刚毛状，基部宽，具锈色、膜质的边，较花序短；长侧枝聚伞花序复出或多次复出，有许多小穗；辐射枝3～6个，细而粗糙，长0.8～5厘米；小穗生于辐射枝顶端，球形或近球形，顶端极钝。小坚果倒卵形或宽倒卵形，钝三棱形。

图1–100　单　株

【生物学特性】 一年生草本，种子繁殖。4～5月出苗，花果期7～8月。

【分布与危害】 除东北各省、山东、山西、甘肃、内蒙古、新疆、西藏尚无记载外，全国各省区都有分布。

两歧飘拂草 *Fimbristylis dichotoma* (L.) Vahl

【识别要点】 秆丛生，高15～50厘米，无毛或被疏柔毛。叶线形。苞片3～4枚，叶状，通常有1～2枚长于花序；无毛或被毛；

长侧枝聚伞花序复出，少有简单，疏散或紧密；小穗单生于辐射枝顶端，卵形、椭圆形或长圆形，长4～12毫米，宽约2.5毫米，具多数花(图1–101)；鳞片卵形、长圆状卵形或长圆形。小坚果宽倒卵形，双凸状，具褐色的柄。

图1–101 单 株

【生物学特性】一年生草本，种子繁殖。花果期7～10月。

【分布与危害】 产于云南、四川、广东、广西、福建、台湾、贵州、江苏、江西、浙江、河北、山东、山西、东北各省等广大地区；生长于稻田或空旷草地上。耕作粗放的农田发生严重。

萤蔺 *Scirpus juncoides* Roxb 灯心藨草

【识别要点】 根状茎短。秆丛生，秆高25～60厘米，圆柱形。秆基部有2～3个叶鞘，开口处为斜截面形无叶片。苞片1片，为秆的延长，直立，长5～15厘米。小穗2～7个聚成头状(图1–102)，假侧生，卵形或长卵形，棕色或淡棕色，多花。

图1–102 单 株

【生物学特性】 种子和根茎繁殖，多年生草本。5～8月份出苗，7～10月份开花结果，8～11月份果实渐次成熟。种子成熟后，随刚毛飘浮水面，借水流以传播，每株能产生种子几十到几百粒，发芽深度于距土面2～3厘米处，深层种子能保持几年不丧失其发芽力。

【分布与危害】 分布于全国各地。生长于水田、潮湿地，发生量较大，危害较重，是水田常见杂草。

荸荠 *Eleocharis tuberlsa* (Roxb.) Roem.et Schult.

【识别要点】 有细长的匍匐根状茎和球茎，称荸荠。秆丛生，直立，圆柱状，高30～100厘米，直径1.5～3毫米，光滑。无叶片(图1-103)，在秆的基部有2～3个叶鞘，叶鞘口斜。小穗1个，顶生，圆柱形，长1.5～4厘米，直径6～7毫米，有多数花；鳞片螺旋状排列，基部2鳞片内无花，最下1枚鳞片抱小穗基部一周，其余鳞片内均有花，宽矩圆形或卵状矩圆形，长6～7毫米，灰绿色，有棕色细点，近革质，有一条脉；下位刚毛7条，较小坚果长一倍半，有倒刺；柱头3。

图1-103　单　株

【生物学特性】 多年生水生草本。花果期5～10月，球茎及种子繁殖。

【分布与危害】 适生于水湿栽培的环境，在栽培荸荠的水田中，翌年收割水稻或其他水田中时，因球茎不易收净，常于稻田内危害。本种属于常见杂草，但发生量小。

17.谷精草科 Eriocaulaceae

水生草本，通常多年生，稀为一年生。茎短缩，很少延长。叶线形，常有横脉而成小方格，丛生茎端。花单性，大多为雌雄同株，少异株，聚为头状花序，有总苞，单个或数个生于细长的花茎上，花小，花下常被以膜质鳞片状苞片，当雌雄同株时，雄花常位于中央，而雌花位于四周；花萼分离或合生成佛焰苞状；花冠有柄，成漏斗状或杯状。蒴果背裂。

本科有约12属，1 100种，分布于热带与亚热带地区，我国仅有1属。

谷精草 *Eriocaulon buergerianum* Koern.

【识别要点】 叶基生，狭线形，长约2～8厘米，宽不及1.5毫米，由基部向上渐狭，先端尖，脉纹呈小方格形。花葶多，长短不一，一般高出于叶(图1–104)，约4～12厘米，高的达30厘米，光滑无毛，有5棱，略呈旋扭状。花序头状，近球形，直径约4～6毫米；总苞宽倒卵形或近圆形，苞片背上密生白色短毛。花单性，雄花：花萼合生成倒卵形苞状，顶端3浅裂，有短毛，内轮花被

图1–104 单 株

合生成倒圆锥状筒形。雌花花萼合生成佛焰苞状，顶端3裂，花瓣3片，离生呈匙形，顶端有一黑色腺体，有长毛。蒴果。

【生物学特性】 一年生草本。秋季开花。

【分布与危害】 常生于沼泽、稻田中，水稻收获后，生长特多。为稻田及湿地的杂草。湖南、湖北、江西、安徽、江苏、浙江、福建、台湾、广东、广西、贵州、云南、四川、陕西等省区均有分布。

18.禾本科 Gramineae

草本，须根。茎圆形，节和节间明显。叶二列，叶片包括叶片和叶鞘，叶鞘抱茎，鞘常为开口。穗状或圆锥花序，颖果。

我国有225属，约1 200种，分布全国。杂草有95属，216种，常见38种。

稗草 *Echinochloa Crusgalli* (L.) Beauv.

【识别要点】 株高50～130厘米。秆直立或基部膝曲。叶条形，无叶舌。圆锥花序塔形，分枝为穗形总状花序，并生或对生于主轴（图1–105至图1–108）。

图1–106　单　株

图1–105　叶　舌

图1–108　穗

图1–107　幼　苗

【生物学特性】 种子繁殖，一年生草本。晚春型杂草，正常出苗的杂草大致在7月上旬抽穗、开花，8月初果实逐渐成熟，一般比水稻成熟期要早。稗草的生命力极强。

【分布与危害】 稗草是世界性恶性杂草。适生于水田，在条件好的旱田发生也多，适应性强。为水稻田危害最严重的恶性杂草。

千金子 *Leptochloa chinensis* (L.) Ness.

【识别要点】 株高30～90厘米，秆丛生，直立，基部膝曲或倾斜。叶鞘无毛，多短于节间；叶舌膜质，撕裂状，有小纤毛；叶片扁平或多少卷折，先端渐尖。圆锥花序，主轴和分枝均微粗糙；小穗多带紫色（图1–109、图1–110）。

【生物学特性】 种子繁殖，一年生草本。5～6月份出苗，8～11月份陆续开花、结果或成熟。种子经越冬休眠后萌发。

【分布与危害】 分布于中南各地。为湿润秋熟旱作物和水稻田

图1–110 单 株

图1–109 穗

的恶性杂草，尤以水改旱时，发生量大，危害严重。

双穗雀稗 *Paspalum dislichum* auct.non L. 红绊根草、过江龙

【识别要点】 具根茎，秆匍匐地面，节上生根。叶鞘松弛，压扁；叶舌薄膜质；叶片平展，线形，较薄而柔软。总状花序，通常 2 个生于总轴顶端；小穗成两行排列于穗轴一侧（图 1−111 至图 1−113）。

图 1−111　穗

图 1−112　单　株

图 1−113　群　体

【生物学特性】 主要以根茎和匍匐茎繁殖，多年生草本。根茎对外界环境条件的适应性很强。在长江中下游地区，4 月初根茎萌芽开始萌发，6～8 月份生长最快，并产生大量分枝，花期较长，可以从 6 月延长至 10 月。1 株根茎平均具有 30～40 个节，最多达 70～80 个节，每节 1～3 个芽，每芽都可以长成新枝，因此双穗雀稗的繁殖力极强，蔓延迅速，很快形成群落。

【分布与危害】 主要分布于河南、江苏、湖北、湖南、浙江、广东和广西等地。常以单一群落生于低洼湿润砂土地及水边。

长芒稗 *Echinochloa caudata* Roshev.

【识别要点】 秆直立。叶鞘光滑无毛，叶片线状披针形，先端渐尖，具绿色细锐锯齿。圆锥花序长 15～30 厘米 ，总状花序斜上举；小穗长3毫米，具紫色极长芒，芒长2.0～3.5毫米，第一颖小三角状卵形，第二颖与第一外稃为大狭卵形，有细毛和长刚毛（图 1–114）。

图1–114 单 株

【生物学特性】 一年生草本，生育期 5～10 月，花果期 7～10 月，或更晚。种子繁殖。

【分布与危害】 生于水边、湿地、水田和水田边，是水田主要杂草，对水稻等作物危害大。我国各地均有分布。

西来稗 *Echinochloa crusgalli* (L.) Beauv.var. *Zelayensis* (H.B.K.) Hitchc.

【识别要点】 直立或斜升，高 50～70 厘米。叶披针状线形至狭线形，叶缘变厚而粗糙，叶舌仅存痕迹。圆锥花序尖塔形，长 13～20 厘米，直立或微弯，分枝单纯，无小分枝，长 2～5 厘米，小穗无芒，长卵圆形，先端具长尖头。颖果椭圆形（图 1–115）。

图1–115 单 株

【生物学特性】 一年生草本。

【分布与危害】 为水稻田杂草。在中、晚稻田，有时发生较重。分布于华北、华东地区。

金狗尾草 *Setaria glauca* (L.) Beauv.

【识别要点】 秆直立或基部倾斜，株高20～90厘米。叶片线形，顶端长渐尖，基部钝圆，叶鞘无毛，下部压扁具脊，上部圆柱状；叶舌退化为一圈长约1毫米的柔毛。圆锥花序紧缩，圆柱状，小穗椭圆形（图1–116）。

图1–116　单　株

【生物学特性】 种子繁殖，一年生草本。5～6月份出苗，6～10月份开花结果。适应性强，喜湿、喜钙，同时耐旱、耐瘠薄，在低湿地生长旺盛，在碱性旱田土壤中连片生长。具有很强的繁殖力。

【分布与危害】 分布于全国。生长于较湿的农田，在局部地区危害严重。

狗尾草 *Setaria viridis* (L.) Beauv. 绿狗尾草、谷莠子

【识别要点】 株高20～60厘米，丛生，直立或倾斜，基部偶有分枝。叶舌膜质，具环毛；叶片线状披针形。圆锥花序紧密，呈圆

柱状（图1–117）。

【生物学特性】 种子繁殖，一年生草本。比较耐旱、耐瘠。4～5月份出苗，5月中下旬形成高峰，以后随降雨和灌水还会出现小高峰；7～9月份陆续成熟，种子经冬眠后萌发。

【分布与危害】 遍布全国。为秋熟旱作物田主要杂草之一。

图1–117　单　株

雀稗 *Paspalum thunbergii* Kunth ex Steud

【识别要点】 秆通常从生，稀为单生，直立或倾斜，高25～50；具2～3节，节具柔毛；叶鞘松弛，具脊，多聚集于秆基作跨生状，被柔毛；叶舌褐色，长0.5～1毫米；叶长5～20厘米，宽4～8毫米，两面皆被柔毛，边缘粗糙；总状花序3～5个，长5～10厘米。颖果。

【生物学特性】 多年生草本；夏秋季抽穗，种子繁殖。

图1–118　单　株

【分布与危害】 生长于荒野、道旁和潮湿之处，田间少见，危害轻。分布于华东、华中、西南、华南各省区。

牛鞭草 *Hemarthria altissima* (Poir.) Stapf et C.E.Hubb. 脱节草

【识别要点】 根茎长而横走；秆高达1米左右。叶片线形，长20厘米，宽4～6毫米，先端细长渐尖；叶鞘无毛。总状花序较粗壮而略弯曲，长达10厘米；无柄小穗长6～8毫米；第一颖在顶端以下略紧缩，有柄小穗长渐尖。颖果(图1–119)。

图1–119　单　株

【生物学特性】 多年生草本。花果期6～8月份。以根茎和种子繁殖。

【分布与危害】 生长于湿润河滩、田边、路旁和草地等处，为水稻田和路埂常见杂草，危害不重。分布于东北、华北、华东、华中诸省。

19.水鳖科 Hydrocharitaceae

水生草本，沉水或漂浮水面。根扎于泥里或浮于水中。茎缩短，直立，少有匍匐。叶基生或茎生，基生叶多密集，茎生叶对生、互生或轮生；叶形，大小多变；叶柄有或无；托叶有或无。花序或花梗下常具1个两裂篦苞状的佛焰苞或2个对生的苞片；花辐射对称，单性，稀两性，常具退化雌蕊或雄蕊；花被片离生，3枚或6枚。果实肉果状；种子多数。

17属，约80种。我国有9属、20种，主要分布于长江以南各省(区)。

黑藻 *Hydrilla verticillata* (Linn.f.) Royle

【识别要点】 茎长达2m，多分枝。叶通常3～8片轮生，或基部为对生，线形或线状长圆形，长5～15毫米，宽1.5～2毫米，常具紫红色或黑色小点，边缘有小锯齿或全缘，主脉2条。花小，单性，雄花的佛焰苞近球形，先端具数枚小刺凸，最后开裂，萼片白色或淡绿色，具紫红色小点，花瓣匙形，较萼片为狭，花药近长圆形。果圆柱状（图1–120）。

图1–120 单 株

【生物学特性】 浸沉于水中的多年生草本植物。花果期6～9月。种子繁殖。

【分布与危害】 全株浸沉于静水或流动缓慢的流水中，有时枝梢可稍露出水面。为水稻田常见杂草，但发生量小，危害轻。分布于我国华北、华东、华中、华南及西南各省区。

水鳖 *Hydrocharis dubia* (Bl.) Backer 菜

【识别要点】 有匍匐茎，须根发达。叶近圆形，基部心形，直径3～5厘米，全缘，上面深绿色，下面略带红紫色，有凸起海绵状飘浮组织，内充气泡，有长柄。花单性，雄花2～3朵，聚生于具2叶状苞片的花梗上，外轮花被片3，草质，内轮花被片3，膜质，白色。果实肉质，卵圆形，种子多数（图1–121）。

图1–121　单　株

【生物学特性】 浮水多年生的草本植物。花果期7～9月。种子繁殖，也可分株繁殖。

【分布与危害】 为静水池沼中常见杂草，发生量较大，危害较重。分布于河北、山东、陕西、河南、安徽、江苏、浙江、福建、湖北、湖南、四川及云南等省。

20.灯心草科

多年生(稀一年生)草本。茎密集丛生，常有匍匐根状茎。叶基生和茎生，有时仅存叶鞘，叶片扁平圆柱状，有时退化呈芒刺状。花序为聚伞、伞房、圆锥或头状花序。蒴果自胞背形裂成3瓣。

我国有2属，约80种，其中杂草有2属9种。

灯心草 *Juncus effusus* L. 大灯心、虎须草

【识别要点】 成株多年生草本，根茎横走。茎直立，丛生，高40～100厘米，直径1.5～4毫米，绿色，有纵条纹，质软，内部充满白色的髓心　(灯心)。叶鞘红褐色或淡黄色，叶片退化为芒刺状。花序假侧生，聚伞状，多花，密集或疏散，与茎贯连的苞片长5～

10厘米；花被片狭披针形，雄蕊长为花被片的2/3；花药稍短于花丝，子房3室，花柱很短蒴果长圆形，顶端钝或微凹，等长于或略短于花被，内有3个完整的隔膜；种子多数，淡黄色或褐色，卵状长圆形，长约0.4～0.5毫米（图1–122）。

图1–122　单　株

【生物学特性】 多年生草本。花期4～5月，果期6～8月。以根茎或种子繁殖。

【分布与危害】 常生于稻田、池边、河岸、沟边及其他水湿地区。为一般性杂草。苏州等地有人栽培。我国各省区均有。为世界广布种。

野灯心草 *Juncus setchuensis* Buchenau

【识别要点】 成株多年生草本，根状茎横走，须根密生。茎直立，丛生，稍纤细，直径0.8～1.5毫米，高30～50厘米。芽苞叶鞘状，围生于茎基部，下部红褐色至黑褐色，长2～10厘米，叶片退化呈芒刺状（图1–123）。花序假侧生，聚伞状，多花，总苞片似茎的延伸部分，直或稍弯；先出叶卵状三角形；花被6枚，近等长，长2.5～3毫米，卵状披针形，急尖，边缘膜质；雄蕊3，稍短于花被片，花药较花丝短。蒴果长于花被，近球形，不完全3室，种子偏斜倒卵形，长约0.5毫米。

【生物学特性】 浅水或湿地的常见杂草。花果期8～9月。种子繁殖。

【分布与危害】 我国西南地区常见，朝鲜、日本也有。分布为路旁、水沟或田边湿地常见杂草，危害不重。

图1–123　单　株

星花灯心草 *Juncus diastrophanthus* Buch.

【识别要点】 多年生草本，高20～30厘米。茎微扁平，上部两侧略有狭翅。基生叶叶鞘顶端几无叶片，茎生叶叶片长7～10厘米，宽2.5～3毫米，有不明显的横隔。花序宽大，约占植物体的1/2，托有线状披针形的苞片；花7～15朵聚生成星芒状的花簇；花被片狭披针形，长约4.5毫米；雄蕊3枚；子房三棱形。果实长圆柱状三棱形（图1–124）。

图1–124　单　株

【生物学特性】 花果期4～6月。

【分布与危害】常生于水湿处，为一般性杂草。分布于江苏、浙江、江西、湖北、湖南、四川及陕西等地。

多花地杨梅 *Luzula multforo* (Retz.) Lej.

【识别要点】 成株多年丛生草本，高15～50厘米。叶线形，长5～10厘米，宽约2毫米，边缘有白色长柔毛。花序常由5～12个小头状花序集生成聚伞状花序，小头状花序多花，花序梗长短不等，先出叶宽卵形，边缘有小齿和疏缘毛，花被片黄褐色或黑褐色，长2.5～3毫米；雄6枚，花药长约为花丝的2倍，柱头刷状而旋卷（图1–125）。蒴果近卵形，淡绿色至淡褐色，约与花被片等长，种子卵形，长1.5毫米，暗褐色，种阜淡黄色，长约为种子的1.3～1.2。

图1–125 单 株

【生物学特性】 多年生草本植物，常密集簇生，花果期7～9月。种子繁殖。

【分布与危害】 为田边湿地、沟边、路旁和山坡草丛常见杂草，危害少。我国南北各省普遍分布，亚洲其他地区，欧洲及北美都有。

21.浮萍科 Lemnaceae

一年生或多年生浮水草本。植物体退化为叶状体，有根或无根；无花被，花单性，果为胞果。

本科全世界约为30种。我国南北均有分布，有6种，主要杂草有1种。

浮萍 *Lemna minor* L. 青萍

【识别要点】 根1条，白色，丝状，长3～4厘米，根端钝圆，根鞘无翅状附属物。叶状体对称，无柄，近圆形或倒卵状椭圆形（图1–126），长1.5～5毫米，表面绿色，背面淡黄色或绿白色或常为紫色，有不明显的3脉。新叶状体以极短的细柄与母体相连，随后脱落。雌花具弯生胚珠1枚。胞果无翅，近陀螺状，种子具凸出的胚乳，并具12～15条纵肋。

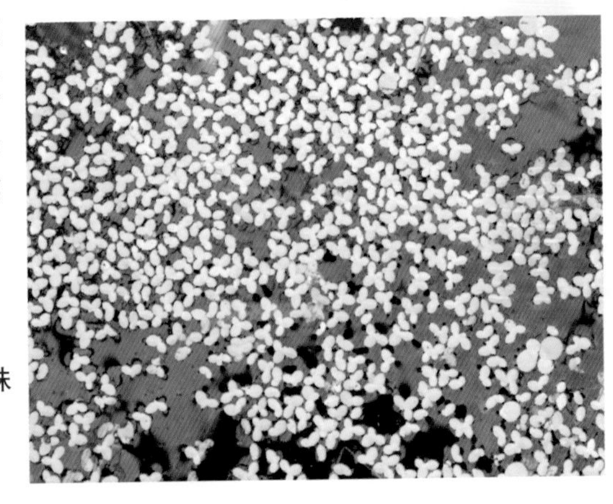

图1–126　单　株

【生物学特性】 浮水植物。花期6～7月，一般不常开花，以芽进行无性繁殖。

【分布与危害】 生于水田、池沼或其他静水水域，常与紫萍混生，形成密布水面飘浮群落，为稻田、水生蔬菜田常见杂草，危害一般。全国各地均有，分布几遍全世界温暖地区。

紫萍 *Spirodela polyrhiza* (L.) Schleid. 紫背浮萍、水萍

【识别要点】 根5～11条，长3～5厘米，白绿色，根冠尖，脱落。叶状体广倒卵形，长5～8毫米，宽4～6毫米，表面绿色，背面紫色（图1–127），具掌状脉5～11条。新叶状体由一细弱的柄与母体相连，常3～4个簇生。胞果圆形，有翅。

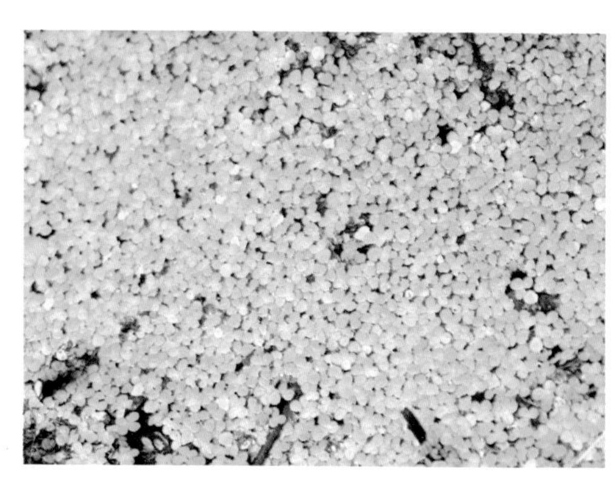

图1–127 单 株

【生物学特性】 一年生浮水草本。花期6～7月，很少开花。以芽繁殖。

【分布与危害】 生于水田、水塘、浅水池沼、水沟，常与浮萍混生，为稻田、水生蔬菜田常见杂草，危害不大。全国各省区均有，全世界温带及热带地区广为分布。

22.茨藻科 Najadaceae.

沉水性一年生草本，茎纤细，多分枝。叶丝状，线形至线状披针形，近于对生或轮生。全缘或有锯齿，花小，单性，单生或簇生于叶腋或顶生，子房1室。瘦果。

小茨藻 *Naias minor* All.

【识别要点】 根为须根系，入土极浅。茎于基部分枝，叉状，长4～26厘米，直径可达1毫米，于基部，节间长1～6(8)厘米，渐至

茎顶而渐短。叶片线形，分枝下部三叶轮生，上部对生（图1–128），长1～2.5厘米，宽约0.5毫米，边缘每侧通常有6～10个细齿，叶鞘宽2～3毫米，上部倒心形，通常在每侧边缘有5～7个齿尖。花单性，均生于叶鞘内，雄花与雌花通常分别着生在相邻的叶腋内，雄花内具1个雄蕊，花药1室，外被椭圆形的佛焰苞，苞顶端有不规则的刺尖；雌花裸露，外无佛焰苞包被，花柱略呈圆柱形，顶端有2个不等大的柱头。果实长2～3毫米，直径约0.6毫米。种子线状长椭圆形，淡褐色或褐绿色。

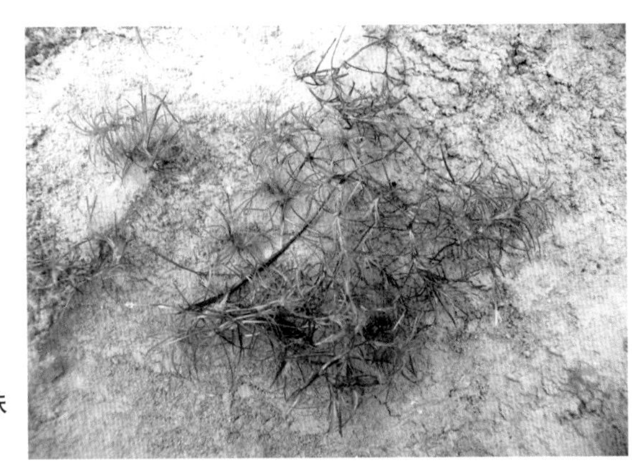

图1–128　单　株

【生物学特性】　一年生沉水性草本。于水稻田中危害(主要在水稻分蘖期)，在晚稻排水收割前，种子已大部成熟而留入田内，部分由于排水而传播别处。种子萌发后，幼苗能飘浮水面，又能借水的流动而传播。

【分布与危害】　水稻田杂草，低洼积水稻田，有时发生数量较大，对水稻的生长发育有较大的影响。分布于东北、华北、长江流域及西南、广东等地，欧洲、亚洲、非洲及澳大利亚也有。

23.雨久花科 Pontederiaceae

多年生水生草本，具缩短的根状茎。叶浮在水面或伸出水面，有柄，基部有鞘。花序自鞘内伸出，花被6片，呈花瓣状合生。

分布于热带或温带，我国约有6种，主要杂草有1种。

凤眼莲 *Eichhornia crassipes* (Mart.) Solms 水葫芦

【识别要点】 根状茎粗短，密生多数细长须根。叶基生，莲座式排列，叶片卵形或圆形，大小不一，宽约4～12厘米，顶端钝圆，基部浅心形或宽楔形，全缘，无毛，光亮，具弧状脉，叶柄中部以下多少膨大，海绵质，基部有鞘。花葶单生，多棱角，花多数成穗状花序，直径3～4厘米，花被筒长1.5～1.7厘米，花被裂片6，卵形，椭圆形或倒卵形，紫蓝色，外面近基部有腺毛，上裂片在周围蓝色中心有一黄斑，雄蕊6，3枚短的藏于花被管内，3枚长的伸出，子房长圆形，长4毫米，花柱细长。蒴果卵形（图1–129至图1–132）。

【生物学特性】 浮水草本或根生于泥中，侧生长匍匐枝，枝顶

图1–129 花　图1–130 单株

图1–131 幼苗

图1–132 群体

出芽生根成新株。夏秋开花，生于水沟、池塘或水田中。

【分布与危害】 喜生于肥水池塘中。稻田及沟塘杂草，有时在稻田发生较重。南方各省发生普遍。原产美洲，南亚热带有分布。

鸭舌草 *Monochoria vaginalis* (Burm.f.) Presl ex Kunth

【识别要点】 植株高10～30厘米，全株光滑无毛。叶纸质，上表面光亮，形状和大小多变异。有条形、披针形、矩圆状卵形、卵形至宽卵形，顶端渐尖，基部圆形、截形或浅心形，全缘，弧状脉，叶柄长可达20厘米，基部具鞘。总状花序于叶鞘中抽出，有花3～8朵，花梗长3～8毫米，整个花序不超出叶的高度，花被片6，披针形或卵形，蓝色并略带红色。蒴果卵形，长约达1厘米。种子长圆形，长约1毫米，表面具纵棱（图1-133至图1-135）。

【生物学特性】 一年生草本。苗期5～6月，花期7月，果期8～9月。

【分布与危害】 水稻田主要杂草。以早、中稻田危害严重，适宜于散射光线，稻棵封

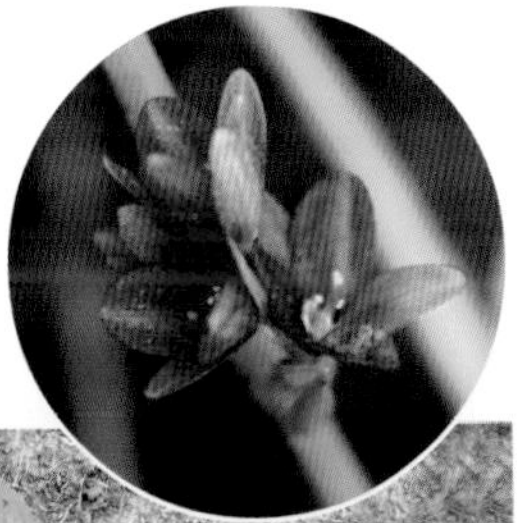

图1-133　花

图1-134　幼　苗

图1-135　单　株

行后，仍能茂盛生长，对水稻的中期生长影响较大。分布几遍及全国的水稻种植区，以长江流域及其以南地区发生和危害最重。

24.眼子菜科 Potamogetonaceae

多年生草本。茎纤细，具根状茎。叶沉没水中或飘浮水面，对生或互生，托叶生于叶下部或基部。穗状花序，花细小。

遍布全国。我国约有 45 种，主要杂草有 1 种。

眼子菜 *Potamogeton distinctus* A.Bennett 竹叶草、水上漂

【识别要点】 具地下横走根茎。茎细长。浮水叶互生，仅花序下的叶对生，叶柄较长，叶片宽披针形至卵状椭圆形，有光泽，全缘，叶脉弧形；沉水叶亦互生，叶片披针形或条状披针形，叶柄较短；托叶膜质，早落。花序穗状圆柱形，生于浮水叶的叶腋处；花黄绿色，小坚果（图 1–136 至图 1–138）。

【生物学特性】 种子或根茎繁殖，多年生草本。5～6 月出苗，7～8 月开花结果，8～11 月果实渐次成熟。具有很强的繁殖力。

【分布与危害】 分布于全国各地。危害水稻的主要杂草之一。

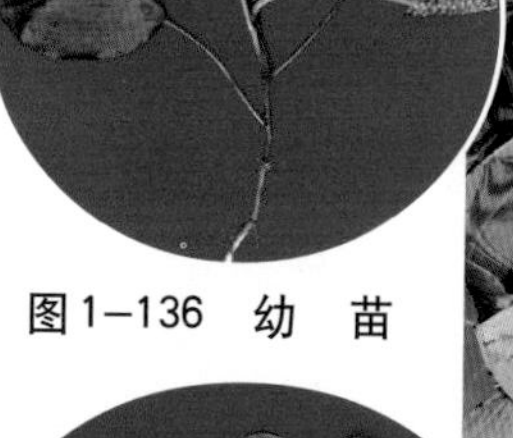

图 1–136　幼　苗

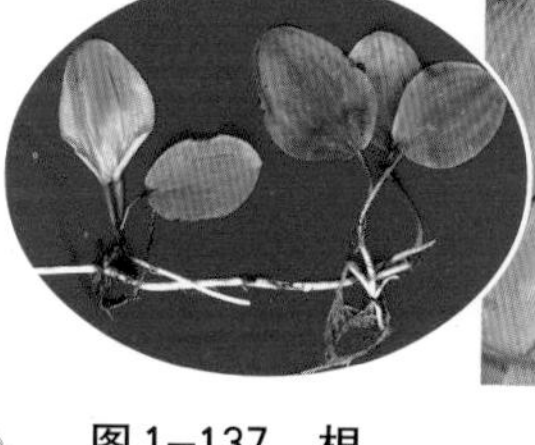

图 1–137　根

图 1–138　群　体

三、稻田杂草发生规律

稻田杂草发生高峰期，受温度、湿度、栽培措施的影响较大，多于播种后或水稻移栽后开始大量发生。就时间上划分，一般稻田杂草发生高峰期大致可以分为3次，第一次高峰在5月末至6月初，主要以稗草为主，占总发生量的45%～75%；第二次发生高峰在6月下旬，为扁秆藨草、慈菇、泽泻发生期；第三次高峰期在6月下旬至7月份，为眼子菜、鸭舌草、水绵等杂草的发生期。

北方地区，一般4月中旬地温平均达到7.3℃～10℃，有充足水分及氧气时稗草即开始萌发，4月末到5月初部分出土，5月末进入危害期；5月末到6月初土层10厘米深处，地温达15℃时，以扁秆藨草为主的莎草科杂草开始出土；6月上中旬气温上升，慈菇、泽泻、鸭舌草、雨久花、眼子菜、牛毛毡等杂草开始大量发生，6月下旬至7月初进入危害期。

稻田杂草的发生规律，一般是播种（移栽）后杂草陆续出苗，播种（移栽）后7～10天出现第一次杂草萌发高峰，这批杂草主要是稗草、千金子等禾本科杂草和异型莎草等一年生莎草科杂草；播种（移栽）后20天左右出现二次萌发高峰，这批杂草以莎草科杂草和阔叶杂草为主。由于第一高峰杂草数量大、发生早，故这些杂草危害性大，是杂草防治主攻目标。

目前，稻田除草剂品种仍以土壤处理剂为主，主要是防治杂草幼芽。综合稻田杂草的发生规律和除草剂的应用性能，稻田杂草的防治应立足早期用药，即芽前芽后施药；除了苯达松、2甲4氯钠盐、百草敌等防治阔叶杂草和敌稗、二氯喹啉酸等防治禾本科杂草的少数茎叶处理剂外，一般多要求在杂草3叶期以前施药；因为在杂草3叶期以前施药时，杂草的敏感期和除草剂的药效高峰期相吻合，易于收到较好的除草效果。

第二章　稻田主要除草剂应用技术

一、稻田主要除草剂性能比较

在稻田登记使用的除草剂单剂约50个(表2–1)。以化学结构来分类，酰胺类有11种、磺酰脲类有7种、苯氧羧酸类有4种，三氮苯类2种，其它20多种。目前，以丁草胺、苄吡磺隆、吡嘧磺隆、二氯喹啉酸、氯氟吡氧乙酸、2甲4氯钠盐等的使用量较大。以防除对象来分，以防除特稗草、莎草科杂草的品种较多。以施药时间来分，品种比较齐全，封闭、苗后撒施处理较多。稻田登记的除草剂复配剂种类较多，按有效成分计算约60个(表2–2)。现有的国产及进口除草剂品种基本上能满足农业生产的需要。稻田常用除草剂性能比较见(表2–3)。

表2–1　稻田登记的除草剂单剂

序号	通用名称	制　剂	登记参考制剂用量(克、毫升/667米^2)
1	丁草胺	900克/升乳油	45～67
2	乙草胺	20%可湿性粉剂	30～37.5
3	杀草胺	60%乳油	
4	丙草胺	30%乳油(重量/容量)	100～116
5	异丙草胺	50%乳油	15～20
6	异丙甲草胺	70%乳油	10～20
7	克草胺	47%乳油	75～100
8	苯噻酰草胺	50%可湿性粉剂	60～80
9	四唑酰草胺	50%可湿性粉剂	13～16
10	恶唑酰草胺	10%乳油	60～80
11	敌稗	16%乳油	1250～1875
12	扑草净	50%可湿性粉剂	60～120

续表 2–1

序号	通用名称	制 剂	登记参考制剂用量(克、毫升 /667 米^2)
13	西草净	25% 可湿性粉剂	200～250
14	苄嘧磺隆	30% 可湿性粉剂	10～15
15	吡嘧磺隆	10% 可湿性粉剂	10～20
16	环丙嘧磺隆	10% 可湿性粉剂	1～3
17	嘧苯胺磺隆	50% 水分散粒剂	8～10
18	醚磺隆	20% 水分散粒剂	6～10
19	乙氧嘧磺隆	15% 水分散粒剂	3～5
20	氟吡磺隆	10% 可湿性粉剂	13～20
21	哌草丹	50% 乳油	150～266
22	禾草丹	90% 乳油	150～222
23	禾草敌	90.9% 乳油	146～220
24	二甲戊灵	330 克 / 升乳油	150～200
25	仲丁灵	48% 乳油	200～250
26	五氟磺草胺	25 克 / 升油悬浮剂	4～8
27	嘧啶肟草醚	5% 乳油	40～50
28	嘧草醚	10% 可湿性粉剂	20～30
29	双草醚	100 克 / 升悬浮剂	15～20
30	二氯喹啉酸	50% 可湿性粉剂	35～40
31	噁嗪草酮	1% 悬浮剂	200～250
32	氰氟草酯	100 克 / 升乳油	50～70
33	精噁唑禾草灵	6.9% 水乳剂	20～25
34	2 甲 4 氯钠	13% 水剂	230～461
35	2 甲 4 氯胺盐	75% 水剂	40～50
36	2,4– 滴丁酯	72% 乳油	28～48
37	2,4– 滴二甲胺盐	860 克 / 升水剂	150～250
38	氯氟吡氧乙酸	25% 乳油	50～60
39	噁草酮	12% 乳油	200～266
40	乙羧氟草醚	10% 乳油	
41	莎稗磷	30% 乳油	50～60
42	丙炔噁草酮	80% 水分散粒剂	6
43	环庚草醚	100 克 / 升乳油	13～20
44	环酯草醚	250 克 / 升悬浮剂	50～80
45	灭草松	48% 水剂	150～200
46	乙氧氟草醚	20% 乳油	12.5～25
47	五氯酚钠	65% 可溶性粉剂	769～1538

注：表中用量未标明春小麦、冬小麦田用量，施药时务必以产品标签或当地实践用量为准

表2-2 稻田登记使用的复配除草剂品种

序号	通用名称	制剂	主要成份与配比	用量(制剂亩用量)
1	丁·扑	1.2%粉剂	丁草胺1.0%+扑草净0.2%	
2	丁·西	5.3%颗粒剂	丁草胺4.0%+西草净1.3%	1000～1500
3	西净·乙草胺	20%可湿性粉剂	西草净14%+乙草胺6%	40～50
4	丁·禾·扑	2%粉剂	丁草胺1.3%+禾草丹0.5%+扑草净0.2%	17-21克/100平方米(东北地区旱育秧及半旱育秧田)
5	苄·丁·草甘膦	50%可湿性粉剂	苄嘧磺隆0.5%+草甘膦31.2%+丁草胺18.3%	400～500
6	苄·丁	37.5%可湿性粉剂	苄嘧磺隆1.5%+丁草胺36%	100～145
7	苄·乙	10%可湿性粉剂	苄嘧磺隆5%+乙草胺5%	50～60
8	醚磺·乙草胺	25%可湿性粉剂	醚磺隆4%+乙草胺21%	20～30
9	苄嘧·丙草胺	20%可湿性粉剂	苄嘧磺隆1.5%+丙草胺18.5%	120～150
10	苄·R-左旋敌胺	30%可湿性粉剂	苄嘧磺隆5%+R-左旋敌草胺25%	20～30
11	苄·精异丙甲	20%可湿性粉剂	苄嘧磺隆5%+精异丙甲草胺15%	25～35
12	异丙·苄	30%可湿性粉剂	苄嘧磺隆5%+异丙草胺25%	25～30
13	苄嘧·苯噻酰	53%可湿性粉剂	苯噻酰草胺50%+苄嘧磺隆3%	50～60
14	吡嘧·苯噻酰	42.5%泡腾粒剂	苯噻酰草胺40%+苄嘧磺隆2.5%	80～100
15	苄·丁·西	4.5%颗粒剂	苄嘧磺隆0.04%+丁草胺3.4%+西草净1.1%	1450～1666
16	苄·丁·扑草净	33%可湿性粉剂	苄嘧磺隆1%+丁草胺28%+扑草净4%	266～333
17	苯噻酰·苄·乙草胺	8%可湿性粉剂	苯噻酰草胺6.75%+苄嘧磺隆0.5%+乙草胺0.75%	18～22
18	苯·苄·异丙甲	33%可湿性粉剂	苯噻酰草胺25%+苄嘧磺隆3%+异丙甲草胺5%	50～60
19	苄·敌稗·二氯	25%可湿性粉剂	苄嘧磺隆1%+敌稗20%+二氯喹啉酸4%	80～100
20	苄·甲磺·乙	25%可湿性粉剂	苄嘧磺隆1.3%+甲磺隆0.3%+乙草胺23.4%	20～25
21	苄·甲磺·异丙甲	8%细颗粒剂	苄嘧磺隆0.8%+甲磺隆0.16%+异丙甲草胺7.2%	75～105
22	苄·丁·甲磺	25%可湿性粉剂	苄嘧磺隆0.4%+丁草胺24.5%+甲磺隆0.1%	100～150
23	滴酯·丁草胺	35%乳油	2,4-滴丁酯9.5%+丁草胺25.5%	80～100
24	噁草·丁草胺	20%乳油	丁草胺12%+噁草酮8%	250～350
25	氧氟·异丙草	50%可湿性粉剂	异丙草胺45%+乙氧氟草醚5%	15～20
26	2甲丁·禾敌·西	78.4%乳油	2甲4氯丁酸乙酯6.4%+禾草敌60%+西草净12%	200～255
27	2甲·灭草松	30%水剂	2甲4氯6%+灭草松24%	150～200
28	2甲·唑草酮	70.5%水分散粒剂	2甲4氯钠66.5%+唑草酮4%	50～60
29	2甲·氯氟吡	30%可湿性粉剂	2甲4氯钠25%+氯氟吡氧乙酸5%	100～150
30	苄·甲黄隆	10%可湿性粉剂	苄嘧磺隆8.25%+甲磺隆1.75%	4～6
31	苄嘧·扑草净	36%可湿性粉剂	苄嘧磺隆4%+扑草净32%	30～40
32	吡·西·扑草净	26%可湿性粉剂	吡嘧磺隆2%+扑草净12%+西草净12%	60～100
33	乙氧磺隆·莎稗磷	26%可湿性粉剂	乙氧磺隆+莎稗磷	45～60
34	苄·二甲戊·异丙	55%可湿性粉剂	苄嘧磺隆6%+二甲戊灵16%+异丙隆33%	4～5g/m^2
35	苄嘧·二甲戊	25%可湿性粉剂	苄嘧磺隆2.1%+二甲戊灵22.9%	80～100
36	苄·麦草	14%可湿性粉剂	苄嘧磺隆4%+麦草畏10%	50～60
37	氯吡·甲磺隆	14%乳油	甲磺隆0.3%+氯氟吡氧乙酸13.7%	50～70
38	苄·环庚	8.8%可湿性粉剂	苄嘧磺隆5%+环庚草醚3.8%	43～50
39	苄·禾敌	40%可湿性粉剂	苄嘧磺隆+禾草敌	200～300
40	苄嘧·禾草丹	35.75%可湿性粉剂	苄嘧磺隆0.75%+禾草丹35%	150～200
41	苄嘧·哌草丹	17.2%可湿性粉剂	苄嘧磺隆0.6%+哌草丹16.6%	200～300
42	苄·二氯	30%可湿性粉剂	苄嘧磺隆5%+二氯喹啉酸25%	40～50
43	吡嘧·二氯	20%可湿性粉剂	吡嘧磺隆1.5%+二氯喹啉酸18.5%	70～90
44	二氯·乙氧隆	26.2%悬浮剂	二氯喹啉酸25%+乙氧磺隆1.2%	30～40
45	苄嘧·莎稗磷	15%可湿性粉剂	苄嘧磺隆1.5%+莎稗磷13.5%	100～160
46	苄嘧·唑草酮	38%可湿性粉剂	苄嘧磺隆30%+唑草酮8%	10～13.8
47	敌隆·扑	12%粉剂	敌草隆5%+扑草净7%	60～75
48	五氟·氰氟草	60克/升油悬浮剂	氰氟草酯50克/升+五氟磺草胺10克/升	100～133

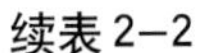
续表 2-2

序号	通用名称	制　剂	主要成份与配比	用量(制剂亩用量)
49	氰氟 · 精噁唑	10% 乳油	精噁唑禾草灵 5%+ 氰氟草酯 5%	40～60
50	氰氟 · 二氯喹	20% 可湿性粉剂	二氯喹啉酸 17%+ 氰氟草酯 3%	80～100
51	二氯 · 精噁唑	20% 可湿性粉剂	二氯喹啉酸 18%+ 精噁唑禾草灵 2%	50～75
52	苯乙锡 · 铜	20% 可湿性粉剂	三苯基乙酸锡 10%+ 硫酸铜 10%	125～150

注：表中用量未标明春小麦、冬小麦田用量，施药时务必以产品标签或当地实践用量为准

表 2-3　各种除草剂单用对稻田主要杂草的防除效果

除草剂	马唐	狗尾草	千金子	稗草	异型莎草	水莎草	扁杆藨草	四叶萍	鲤肠	鸭舌草	丁香蓼	眼子菜	泽泻	野慈菇
丁草胺	6	6	6	6	5	4	1	3	4	3	3	3	2	1
丙草胺	6	6	6	5	6	5	2	6	4	6	5	5	2	1
异丙甲草胺	6	6	6	6	6	4	1	4	4	5	4	3	2	1
敌稗	3	3	3	6	1	1	1	1	1	2	1	1	1	1
克草胺	6	6	6	6	5	1	1	4	5	3	4	3	1	1
扑草净	6	5	4	4	5	1	1	6	6	6	6	5	3	3
西草净	5	4	4	4	4	1	1	5	5	6	6	6	5	5
苄嘧黄隆	4	3	2	2	6	4	2	5	6	6	6	5	5	5
吡嘧黄隆	4	4	5	3	6	3	3	6	6	6	6	5	5	4
乙氧氟草醚	6	6	6	6	6	1	1	5	5	6	6	3	1	1
甲氧除草醚	6	6	6	6	6	1	1	4	5	5	6	1	1	1
草枯醚	5	5	5	6	5	1	1	4	4	5	6	2	1	1
莎扑隆	4	4	4	4	6	5	5	6	5	5	6	4	1	1
杀草丹	6	6	6	6	3	1	2	5	5	5	6	2	2	1
禾草特	5	4	5	6	1	1	1	1	1	1	1	1	1	1
哌草丹	3	3	3	6	3	1	1	1	1	1	1	1	1	1
2 甲 4 氯钠盐	1	1	1	1	5	4	4	5	6	6	6	6	5	4
恶草酮	6	6	6	6	6	4	3	6	6	6	6	2	5	1
苯达松	1	1	1	1	6	6	6	6	6	6	6	6	6	6
二氯喹啉酸				6	1					1			2	1
环庚草醚	6	5	5	6	6	1	1	4	4	5	6	2	1	1

注：1 －无效；2 －效果差，防效 50%以下；3 －有一定除草效果，防效 51%–75%；4 －除草效果一般，效果 76%–85%；5 －除草效果好，效果 86%–95%；6 －除草效果极好，效果达 95%–100%

二、稻田酰胺类除草剂应用技术

酰胺类除草剂是稻田重要的除草剂，常用的品种有丁草胺、丙草胺、乙草胺、异丙甲草胺、异丙草胺、丁草胺、苯噻酰草胺等。

（一）稻田常用酰胺类除草剂的特点

防治一年生禾本科杂草的特效除草剂，对阔叶杂草的防效较差。抑制种子发芽和幼芽生长而最终死亡，应在水稻播后芽前或水稻生长期、杂草发芽前施药，用于防治一年生杂草幼芽。除草效果受墒情、土壤特性影响较大。在土壤中的持效期中等，一般为1～2个月。耐雨水性能较强，阳光高温下易挥发。敌稗只能进行茎叶处理，施入土壤无活性。苯噻酰草胺可以为稗草的幼芽吸收，是细胞生长和分裂的抑制剂。

（二）稻田酰胺类除草剂的防治对象

酰胺类除草剂抑制种子发芽和幼芽生长，使幼芽严重矮化而最终死亡。酰胺类除草剂可以防治稗草、千金子、马唐、狗尾草、牛筋草、画眉草、碎米莎草、异型莎草等一年生禾本科和一年生莎草科杂草；对醴肠、陌上菜、丁香蓼、苘麻、小藜、反枝苋等一年生阔叶杂草也有一定的防效，对多年生杂草无效。

（三）稻田酰胺类除草剂的药害与安全应用

酰胺类除草剂主要抑制根与幼芽生长，造成幼苗矮化与畸形，幼芽和幼叶不能完全展开，禾本科植物叶片不能从胚芽鞘中抽出，叶鞘不能正常抱茎或抽出的叶片畸形，发生“葱状叶”等畸形叶。药害症状出现于作物萌芽与幼苗期。整株生长发育缓慢，植株矮小、发育畸型。敌稗施用不当，特别是与有机磷杀虫剂、氨基甲酸酯混用时易于产生药害。药害症状(图 2−1 至图 2−9)。

图 2−1　在水稻育秧田，水稻发芽出苗期，施用 50% 乙草胺乳油 5 天后的药害症状　水稻出苗稀少、缓慢，茎尖褐色、部分出现枯死，对水稻发芽出苗影响严重

图 2−2　在水稻育秧田，水稻发芽出苗期，施用50%乙草胺乳油 50 毫升 /667 米^2 18 天后的药害症状　茎叶出现褐色、枯死、畸形卷缩，发育缓慢

图 2−3　在水稻育秧田，水稻发芽出苗期，施用 50% 乙草胺乳油 18 天后的药害症状　水稻出苗稀疏、发育缓慢，茎叶出现褐色、枯死症状，对水稻药害严重，多数不能正常生长发育，影响壮苗

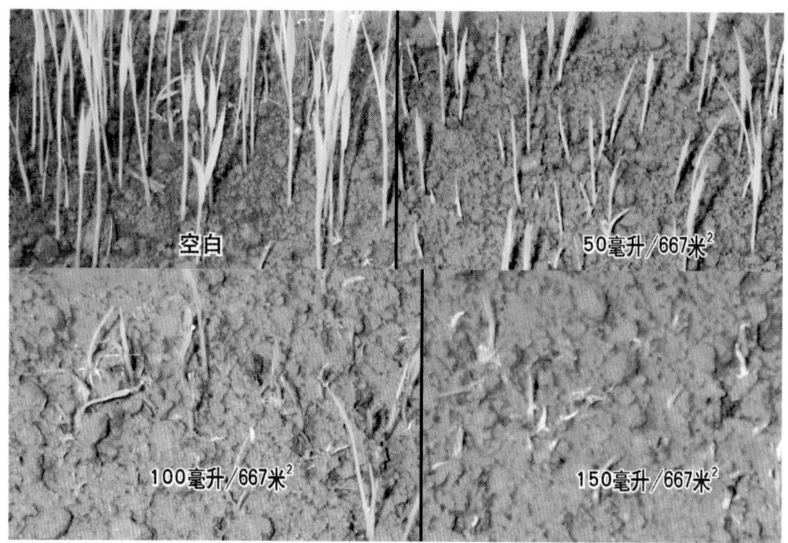

图2-4　在水稻育秧田，水稻发芽出苗期，施用50%苯噻草胺可湿性粉剂5天后的药害症状　水稻出苗稀疏、发育缓慢，茎叶出现褐色、枯黄症状，影响壮苗

图2-5　在水稻移栽返青后，茎叶喷施50%乙草胺乳油15天后的药害症状　茎叶喷洒后大量叶片从叶尖开始枯死，长势明显弱于对照

图2–6　在水稻移栽返青后，茎叶喷施敌草胺15天后的药害症状　一般于施药后4～6天从叶尖开始，而后向叶内扩展，部分叶片发黄、枯死

图2–7　在水稻移栽返青后，茎叶混合喷施20%敌稗乳油1 000毫升/667米^{2}和40%辛硫磷乳油50毫升/667米^2 10天的药害症状　施药处理后3天开始表现症状，7～10天水稻部分叶片严重黄化，从叶尖开始，叶片大量枯死，药害严重

图2–8　在水稻移栽返青后，茎叶喷施20%敌稗乳油10天后的药害症状　水稻部分叶片发黄，从叶尖和叶缘开始枯死，部分叶片死亡，但以后逐渐恢复，生长仅受到暂时性抑制

图2－9　在水稻移栽返青后，茎叶喷施20%敌稗乳油1500毫升/667米^2 10天的药害症状
水稻部分叶片发黄，从叶尖开始枯死

（四）稻田酰胺类除草剂的应用方法

酰胺类除草剂中大多数品种都是防治部分一年生杂草的除草剂，对多年生杂草的防效很差。必须掌握在杂草发芽出苗前施药。酰胺类除草剂一些品种，如苯噻草胺、丁草胺、丙草胺、敌草胺、乙草胺、敌稗等广泛用于稻田除草，但这些品种中甲草胺对水稻的安全性最差，不能用于稻田除草；丁草胺在秧苗萌芽时施用可能产生药害，其他品种产生的药害更重；在移栽后施用时，应尽量避免撒施或喷施到茎叶上，否则也会产生药害；敌稗施用不当，特别是与有机磷杀虫剂、氨基甲酸酯混用时易于产生药害。

除草效果和用量均与土壤特性、特别是有机质含量及土壤质地有密切关系；黏土地、有机质含量较高地块要适当加大药量。除草效果受墒情影响较大，墒情好除草效果好，墒情差时除草效果差。

施药后如遇持续低温、瀑雨及土壤高湿，对作物易于产生药害，表现为叶片扭曲、生长缓慢，随着温度的升高，便逐步恢复正常。苗期施药应在天气正常、水稻生长良好的下午施药，天气高温干旱、或高温高湿时施药易于发生药害。该类药剂耐雨水性能较强，但阳光高温下易挥发。各种药剂用法与用量现表 2–4。

表 2–4　稻田酰胺类除草剂品种与应用方法

品种与剂型	育秧田(克，毫升 /667 米²)	移栽田(克，毫升 /667 米²)
20% 乙草胺可湿粉		30～40
72% 异丙甲草胺乳油		10～20
50% 异丙草胺乳油		15～20
60% 丁草胺乳油		80～100
30% 丙草胺(加安全剂)乳油	80～120	
50% 苯噻酰草胺可湿性粉剂		60～80
16% 敌稗乳油		1250～1875

三、稻田均三氮苯类除草剂应用技术

均三氮苯类除草剂是稻田重要的除草剂，常用的品种有扑草净、西草净等。

(一)稻田常用均三氮苯类除草剂的特点

移栽稻田撒施进行土壤处理，主要通过根部吸收，也能被杂草茎叶少量吸收。主要作用机制是抑制植物的光合作用，是典型的光合作用抑制剂。主要用于防除一年生杂草，对阔叶杂草的防治效果优于对禾本科杂草的防治效果。长期使用易于产生抗药性。易于被雨水淋溶而影响除草效果。在土壤中的持效期中等。

(二)稻田均三氮苯类除草剂的防治对象

均三氮苯除草剂可以防除一年生禾本科杂草、一年生莎草科杂草和阔叶杂草，对稗草、异型莎草、眼子菜、鳢肠、小藜、反枝苋、狗尾草、牛筋草等效果突出，对多年生杂草效果较差。

抑制光合作用是均三氮苯类除草剂的主要作用机制，而失绿是最先出现的典型药害症状。将药剂施于土壤中后，经5～10天杂草开始受害，先是叶片尖端失绿干枯，然后叶片边缘退色，逐步扩展至整个叶片失绿，最后整个植株干枯死亡；在一些阔叶杂草的叶片上有时出现不规则的坏死斑点，随即逐步扩大而死亡。

(三)稻田均三氮苯类除草剂的药害与安全应用

西草净、扑草净对水稻的安全性较差，直播稻田、秧田不宜施用。根据杂草基数，选择合适的施药时间和用药剂量，田间以稗草及阔叶草为主，施药应适当提早，于秧苗返青后施药，但小苗和弱苗易产生药害，最好与除稗草药剂混用以降低用量。施药时适当的土壤水分有利于发挥药效。用药量要准确，避免重施，喷雾法不安全，应采用毒土法，撒药均一。有机质含量少的砂质土、低洼排水不良地块、重盐或强酸性土壤施用，易发生药害，不宜施用。用药时温度应在30℃以下，超过30℃时易产生药害。不同品种对水稻耐药性不同，应用时务必注意。症状见(图2–10至图2–12)。

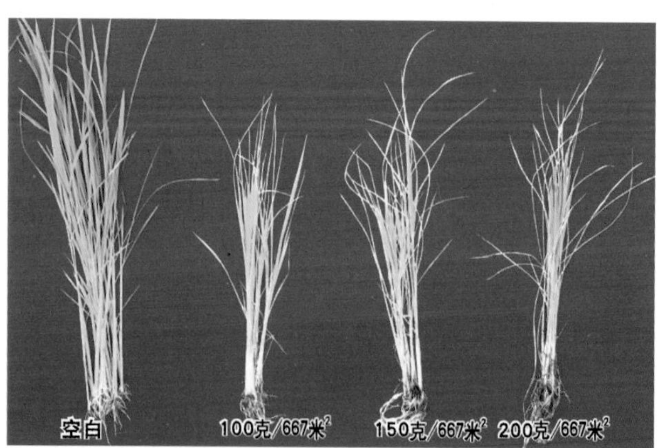

图2–10　在水稻移栽返青后，茎叶喷施50%扑草净可湿性粉剂6天后药害症状　水稻叶片黄化，叶尖和叶缘枯死，水稻长势弱于空白

图2-11　在水稻移栽返青后，茎叶喷施50%扑草净可湿性粉剂15天后药害症状　施药后8～10天即开始出现症状，以后水稻叶片黄化，叶尖和叶缘枯死，水稻长势弱于空白

图2-12　在水稻移栽返青后，茎叶喷施25%西草净可湿性粉剂15天后药害症状　水稻叶片黄化，叶尖和叶缘枯死，水稻长势弱于空白

（四）稻田均三氮苯类除草剂的应用方法

水稻移栽田，南方稻区，一般于水稻插秧后10～15天，用50%扑草净可湿粉20～40克/667米^{2}或25%西草净可湿粉50～100克/667米^2，拌湿润细砂土20～30千克，毒土法施药，施药时水层3～5厘米，保持水层5～7天，可以防治2 叶期以前稗草和阔叶杂草。北方稻区，用50%扑草净可湿粉60～100克/667米^2，拌湿润细砂土20～30千克，在水稻移栽后20～25天眼子菜由红转绿时均匀撒施，保持35厘米水层7～10天。本田在秧苗返青后至分蘖期，眼子菜叶片转绿达60%～80%时施药，用50%扑草净可湿粉60～100克/667米^{2}或25%西草净可湿粉200～240克/667米^2，拌细潮土15～20千克。施药前堵住进出水口，水层保持3～5厘米，5～7天后转入正常管理。

四、稻田磺酰脲类除草剂应用技术

磺酰脲类除草剂是稻田重要的除草剂，常用的品种有苄嘧磺隆、吡嘧磺隆、环丙嘧磺隆、嘧苯胺磺隆、醚磺隆、乙氧嘧磺隆、四唑嘧磺隆、氟吡磺隆等。

（一）稻田常用磺酰脲类除草剂的特点

活性极高，杀草谱广。选择性强，每个品种均有相应的适用时期和除草谱，正确施药情况下对作物安全、对杂草高效。使用方便，该类药剂可以为杂草的根、茎、叶吸收，既可以土壤处理，也可以进行茎叶处理。对植物的主要作用靶标是乙酰乳酸合成酶。植物受害后生长点坏死、叶脉失绿、植物生长严重受抑制、矮化、最终全株枯死。

（二）稻田磺酰脲类除草剂的防治对象

苄嘧磺隆、吡嘧磺隆、醚磺隆可以防除一年生阔叶杂草和莎草科杂草，对异型莎草、碎米莎草、丁香蓼、水苋菜、鳢肠、陌上菜等效果突出，对眼子菜、空心莲子草、鸭舌草、野慈菇、牛毛毡、节节菜也有较好的防治效果，对鸭跖草、刚毛荸荠、水莎草、扁秆藨草、萤蔺等杂草效果较差。

环丙嘧磺隆、嘧苯胺磺隆、氟吡磺隆对水稻田禾本科杂草稗草、部分阔叶杂草及莎草均有较理想的防效，对低龄杂草防效较明显。

乙氧嘧磺隆主要用于防除阔叶杂草、莎草科杂草及藻类如鸭舌草、青苔、水绵、飘拂草、牛毛毡、水莎草、异型莎草、碎米莎草、萤蔺、泽泻、鳢肠、野荸荠、眼子菜、水苋菜、丁香蓼、四叶蘋、狼把草、节节菜和矮慈姑等。

磺酰脲类除草剂可以快速抑制敏感性杂草的生长，在它的影响下，一些植物产生偏上性生长，幼嫩组织失绿，有时显现紫色或花青素色，生长点坏死、叶脉失绿、植物生长严重受抑制、矮化、最终全株枯死。

（三）稻田磺酰脲类除草剂的药害与安全应用

磺酰脲类除草剂中苄嘧磺隆、吡嘧磺隆、环丙嘧磺隆、嘧苯胺磺隆、醚磺隆、乙氧嘧磺隆、四唑嘧磺隆、氟吡磺隆是稻田除草剂，对水稻相对安全，但施用不当也会发生药害。该类药活性较高，应用时应严格应用剂量，喷施要均匀，否则易于产生药害；苄嘧磺隆、吡嘧磺隆等对不同品种水稻的耐药性有差异，早籼品种安全性好，晚稻品种（粳、糯稻）相对敏感，应尽量避免在晚稻芽期施用，否则易产生药害。

磺酰脲类除草剂对水稻产生的药害症状主要是抑制根和茎生长点生长、减少根数量，影响水稻的正常生长发育，重者可致死亡。一般药害持续时期较长，甚至到作物收获时才表现出对产量和品质的影响。症状见(图 2−13 至图 2−16)。

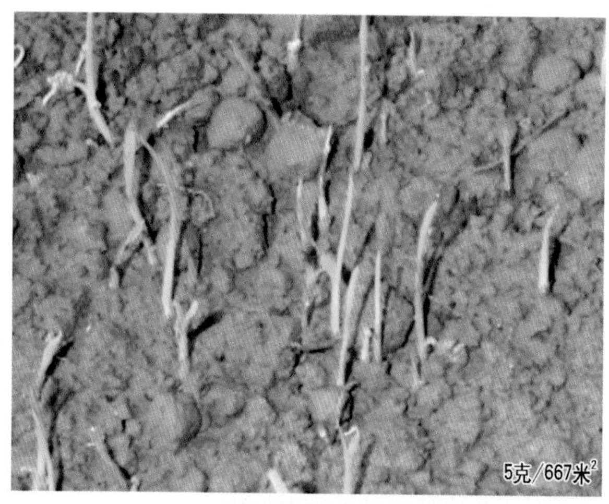

图2−13　在水稻育秧田，在催芽播种后，喷施10%吡嘧磺隆可湿性粉剂5天后的药害症状　水稻出苗稀疏、缓慢，稻苗矮缩、黄化，部分稻苗叶尖枯黄，开始死亡

图2−14　在水稻移栽返青后，叶面喷施10%吡嘧磺隆可湿性粉剂21天后的药害症状　部分叶片黄化，稻苗叶尖发黄，生长受到抑制，一般随着生长又会逐渐恢复

图 2–16 在水稻移栽返青后叶面喷施 10% 苄嘧磺隆可湿性粉剂 15 天后的药害症状 叶片黄化，生长受到抑制，部分稻苗叶尖枯黄，随着生长又会逐渐恢复

图 2–15 在水稻移栽返青后，叶面喷施 10% 环丙嘧磺隆可湿性粉剂 21 天后的药害症状 叶片大量枯黄，稻苗矮小，根系弱小，须根少而短，生长受到严重抑制

(四)稻田磺酰脲类除草剂的应用方法

磺酰脲类除草剂具有较高的选择性，每个品种均有较为明确的施药适期和除草谱，施药时必须严格选择，施用不当会产生严重的药害、达不到理想的除草效果。施药时必须拌毒土撒施，否则会发生药害；施药后必须保持水层，否则会降低除草效果和安全性。常用品种用法与用量现(表 2–5)。

表 2–5 稻田酰胺类除草剂品种与应用方法

品种与剂型	直播田(克，毫升 /667 米²)	移栽田(克，毫升 /667 米²)
10% 苄嘧磺隆可湿粉	20～30	10～30
10% 吡嘧磺隆可湿粉	10～15	10～20
15% 乙氧嘧磺隆水分散粒剂	6～10	5～10
10% 环丙嘧磺隆可湿性粉剂	10～20	10～20
50% 四唑嘧磺隆水分散粒剂		1.3～2.6

续表 2–5

品种与剂型	直播田(克，毫升 /667 米²)	移栽田(克，毫升 /667 米²)
10% 氟吡磺隆可湿性粉剂	10～20	10～20
50% 嘧苯胺磺隆水分散粒剂		8～10
20% 醚磺隆水分散粒剂	6～10	6～10

五、稻田硫代氨基甲酸酯类除草剂应用技术

硫代氨基甲酸酯类除草剂是一类稻田除草剂，常用的品种有禾草丹、禾草特、哌草丹等。

（一）稻田常用硫代氨基甲酸酯类除草剂的特点

通过幼根和芽吸收，芽前施药可以有效防治多种一年生禾本科杂草，对部分阔叶杂草也有效。主要抑制植物分生组织的生长，这种抑制作用的原因主要是抑制脂肪合成，可能主要是抑制脂肪酸的生物合成；干扰类酯物形成，从而影响膜的完整性。选择原理主要靠位差选择性，吸收和传导的差异及其在植物体内的降解也是影响选择性的重要因素。

（二）稻田硫代氨基甲酸酯类除草剂的防治对象

禾草丹、禾草特可以防除一年生禾本科杂草、阔叶杂草和莎草科杂草，对稗草、异型莎草、碎米莎草、千金子、马唐、狗尾草、牛筋草等效果较好；哌草丹对稗草效果较好，对其他杂草效果较差。

硫代氨基甲酸酯类除草剂芽前施药效果较好，受害的主要症状是，禾本科植物从胚芽鞘抽出的叶片异常、生长畸形；大多数情况下，施药后，禾本科植物发芽、出苗，并长出 1 或 2 片真叶后死亡。

（三）稻田硫代氨基甲酸酯类除草剂的药害与安全应用

硫代氨基甲酸酯类除草剂中禾草丹、禾草特、哌草丹是稻田除草剂，对水稻相对安全，但施用不当也会发生药害。禾草丹和禾草特在水稻田施药后应保持一定的水层，水稻出苗时至立针期不能施用此药，否则易产生药害；且忌发芽稻种浸在药液中；用药时秧板要保持水层撒毒土(沙)时秧板保持水层，有利于药(沙)中有效成份均匀扩散，减少药害；如在播前施药，不宜播种催芽的谷种；低温阴雨天气，使用该药1周左右，水稻秧苗幼嫩叶会出现褐色斑点，然后所有叶片均出现斑点，如果天气及时转晴、气温升高，斑点将自然消失，生长未有明显变化；施药时如果风大，下风头水稻易造成药害；冷湿田块或使用大量未腐熟的有机肥田块，禾草丹用量过高时易形成脱氯杀草丹，使水稻产生矮化药害，发生这种现象时，应注意及时排水、晒田；在施药后遇大雨时也易造成药害；施药时不能采用弥雾法，以防挥发降低药效，同时也易产生药害；籼稻对该药敏感，剂量过高或喷施不匀时易产生药害；砂质田及漏水田不宜施用禾草丹。哌草丹对稗草5叶后的大草效果差，施药时应注意防治适期，该药剂只对稗草特效，使用时可以考虑与其他药剂混用，以扩大杀草谱。

硫代氨基甲酸酯类除草剂抑制植物细胞分裂与伸长，影响激素(赤霉酸)在植株内的分布。主要抑制分生组织(根与幼芽生长)活性，造成胚芽鞘包裹幼芽顶端，使叶片抽出异常；敏感的阔叶植物生长受抑制，叶片呈杯状。水稻受害后，叶片不能从胚芽鞘中正常抽出，叶皱缩、断裂成碎片，茎弯曲，生长受抑制，植株矮小。

（四）稻田硫代氨基甲酸酯类除草剂的应用方法

硫代氨基甲酸酯类除草剂有较为明确的施药适期和除草谱，施药时必须严格选择，施用不当会产生严重的药害、达不到理想的除草效果。禾草丹、禾草特在水稻育秧田，可在播种前或水稻立针期施药，拌毒土撒施，施药时水层深2～3厘米，施药后保水5～7天；水直播稻田，可在播前或播后(水稻2～3叶)进行处理，拌毒土撒施，施药时水层深3～5厘米，施药后保水5～7天；水稻移栽田，在水稻移栽后4～5天，可以结合追施返青肥与化肥混合均匀后撒施。施药时田间保持水层3～4厘米，保水3～4天，一般水稻整个生育期内只用一次药，即可有效控制杂草的危害。哌草丹可以有效防治稗草，在水稻育秧田、旱育秧或湿育秧苗，可在播种前或播种覆土后，对水25～30千克进行床面喷雾；水育秧田可在播后1～4天，采用毒土法施药；水稻本田，可在插秧后3～6天，稗草1.5叶以前，对水喷雾或拌成毒土撒施。施药时保持3～5厘米水层5～7天。用法与用量现表2–6。

表2–6　稻田硫代氨基甲酸酯类除草剂品种与应用方法

品种与剂型	育秧田（克，毫升/667米²）	直播田（克，毫升/667米²）	移栽田（克，毫升/667米²）
90%禾草丹乳油	20～30	100～150	125～150
90.9%禾草特乳油	150～225	150～225	150～225
50%哌草丹乳油	150～200	150～200	150～250

六、稻田激素类除草剂应用技术

激素类除草剂是稻田重要的除草剂，常用的品种有苯氧羧酸类的2甲4氯钠盐、2甲4氯胺盐、2，4–滴丁酯、2,4–滴二甲胺盐，吡啶羧酸类的氯氟吡氧乙酸等。

(一)稻田常用激素类除草剂的特点

通常用于进行茎叶处理防治一年生与多年生阔叶杂草、莎草科杂草。可被阔叶杂草的茎叶迅速吸收，既能通过木质部导管与蒸腾流一起传导，也能与光合作用产物结合在韧皮部的筛管内传导，并在植物的分生组织(生长点)中积累。属于激素类除草剂，几乎影响植物的每一种生理过程与生物活性，导致植物叶柄、茎、叶、花茎扭转与弯曲，最后全株死亡。

(二)稻田激素类除草剂的防治对象

可以防除一年生与多年生阔叶杂草、莎草科杂草，可以防治异型莎草、碎米莎草、水莎草、丁香蓼、水苋菜、鳢肠、陌上菜、空心莲子草、鸭舌草、泽泻等。

该类除草剂导致阔叶杂草形态的普遍变化是：叶片向上或向下卷缩，叶柄、茎、叶、花茎扭转与弯曲，茎基部肿胀，生出短而粗的次生根，茎、叶褪色、变黄、干枯，茎基部组织腐烂，最后全株死亡，特别是植物的分生组织如心叶、嫩茎最易受害。莎草科杂草形态的普遍变化是：茎叶褪色、变黄、枯萎，茎基部组织腐烂，最后全株死亡，特别是植物的分生组织如心叶、嫩茎最易受害。

(三)稻田激素类除草剂的药害与安全应用

该类除草剂对作物的安全性较差。

该类除草剂不同品种与不同水稻品种的安全性差异也较大，施药时应严格把握施药适期，否则，可能会发生严重的药害。施药时温度过低(低于10℃)、过高(高于30℃)均易于发生药害。水稻宜在5叶期至拔节前施用，水稻4叶前和拔节后禁止使用，水稻的安全临界期为小麦拔节期。水稻宜在5～7叶期施用，施药方式最好用扇形喷头，顺垄低空定向喷雾，水稻4叶前或气生根发生后施药均易于发生药害。喷药时应选择无风晴天，不能离敏感作物太近，药剂飘移对双子叶作物威胁极大，应尽量避开双子叶作物地块。施药后12小时内如降中到大雨，需重喷一次。

该类除草剂系激素型除草剂，它们诱导作物致畸，不论是根、茎、叶、花及穗均产生明显的畸型现象，并长久不能恢复正常。药害症状持续时间较长，而且生育初期所受的影响，直到作物抽穗后仍能显现出来，未死水稻成熟时导致稻粒空秕、减产。症状见(图2–17至图2–20)。

图2–17 在水稻生长期，叶面喷施2甲4氯钠盐后的药害症状 水稻移栽后未充分返活、施药过量或不匀时，可导致水稻不同程度的药害受害水稻叶片黄化、部分叶片枯死，长势受到一定的影响

图2–18 在水稻生长期，叶面喷施20%2甲4氯钠盐水剂后药害症状 受害水稻叶片黄化，部分叶片枯死，长势受到一定的影响

图 2-19 在水稻生长期，叶面喷施 72%2,4-滴丁酯乳油后的药害症状 受害水稻叶片黄化，长势受到明显抑制，根系老化，部分叶片枯死

图 2-20 在水稻移栽返青后，叶面喷施 20% 氯氟吡氧乙酸乳油 15 天后的药害症状 受害水稻茎叶黄化，部分叶片枯黄

(四)稻田激素类除草剂的应用方法

激素类除草剂具有较高的选择性，每个品种均有较为明确的施

药适期和除草谱，施药时必须严格选择，施用不当会产生严重的药害、达不到理想的除草效果。该类除草剂，杀草谱比较广，主要防治一年生与多年生双子叶杂草以及莎草科杂草，但对不同杂草防治效果差别很大。因此，根据田间杂草的种类、群落组成及其优势种，选择适宜的品种及使用时期是十分必要的。

该类除草剂对作物的安全性较差，施药时应严格把握施药适期，否则，可能会发生严重的药害。施药时温度过低(低于10℃)、过高(高于30℃)均易于发生药害。宜在水稻5叶期至拔节前施用，最好在5～7叶期施用，施药方式最好用扇形喷头，顺垄低空定向喷雾。

华半地区，水稻5～8叶期，田间阔叶杂草和莎草科杂草较多时，用20%二甲四氯钠盐水剂200～300毫升/667米^2，或56%二甲四氯钠盐可溶性粉剂80～120克/667米^2，对水35千克/667米^{2}定向喷施；水稻5～8叶期，田间空心莲子草等阔叶杂草较多时，用20%氯氟吡氧乙酸乳油50～60毫升/667米^2，对水35千克/667米^{2}定向喷施。施药方式最好用扇形喷头，顺垄低空定向喷雾，喷头走在水稻心叶下部，勿喷施到水稻心叶，这是减轻水稻药害的关键；施药时应严格施药适期和施药温度。施药时应选择墒情良好、无风晴天施药，注意不能飘移至其它阔叶作物上，否则，会发生严重的药害。

七、稻田其他除草剂应用技术

（一）乙氧氟草醚应用技术

1.乙氧氟草醚的除草特点　选择性触杀型芽前除草剂，主要通过胚芽鞘、中胚轴进入植物体内，根部也能少量吸收，在芽前及芽后早期施用效果好。药剂在有光的条件下可以发挥杀草作用。施入稻田水层后24小时内沉降在土表并很快为土壤吸附，积聚在0～3厘米土层中，尤其是0～0.5厘米的土表中最多。药剂被土壤吸附后，经过土壤微生物的作用而降解，在土壤中的半衰期为30天左右，对后茬作物无残留毒害。在稻田的持效期一般为20～25天。

2.乙氧氟草醚防除对象　可以防除一年生单、双子叶杂草，对多年生杂草无效，对稗草、千金子、异型莎草、莎米莎草、陌上菜、反枝苋、马唐、狗尾草、牛筋草等均有较好的防治效果。

3.乙氧氟草醚应用技术　水稻移栽后5～7天，用24%乳油10～20毫升/667米^2，对水100～200毫升稀释成母液后混成毒土撒施(毒砂10千克或毒土20千克)，保持3～5厘米层5～7天。

该药易于发生触杀性药害，施药时剂量要准确、喷洒要均一。移栽稻田使用此药，稻苗应高于20厘米，秧龄应为30天以上的壮秧，气温应达20～30℃。应在稻苗上露水退后施药，否则药剂易于沾到叶上而产生药害。施药后如遇大雨应及时排出深水，保持3～5厘米浅水层，以免伤害稻苗。症状见(图2-21至图2-24)。

图2-21　在水稻催芽播种后，秧畦喷施24%乙氧氟草醚乳油20毫升/667米^{2}的药害症状　受害水稻部分出苗，水稻出苗后叶尖即干枯，以后随着生长发出的叶片卷缩，茎基部黄褐色，叶部有黄褐色斑块

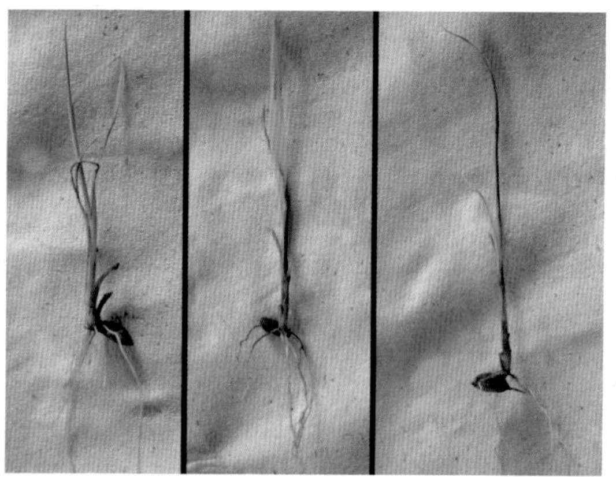

图 2-22　在水稻催芽播种后，秧畦喷施24%乙氧氟草醚乳油的药害症状　受害水稻叶片卷缩，不能正常伸开生长，茎叶有黄褐色斑，部分叶片枯死

图 2-23　在水稻移栽返青后，叶面喷施24%乙氧氟草醚乳油20毫升/667米^2 1天后的药害症状　受害水稻部分叶片出现点状褐斑，部分叶片枯黄

图 2-24　在水稻移栽返青后，叶面喷施24%乙氧氟草醚乳油20毫升/667米^2 15天后的药害症状　受害较重时，水稻叶片黄化、枯死，以后随着生长会发出新叶

（二）氰氟草酯应用技术

1.氰氟草酯除草特点　选择性内吸传导型茎叶处理除草剂。用作茎叶处理，可为植物的茎、叶吸收，传导到生长点和分生组织，通过对乙酰辅酶A羧化酶的抑制而抑制杂草的脂肪酸合成，而抑制杂草生长，受药杂草几天即内停止生长，以后逐渐枯死。

2.氰氟草酯防除对象　可以防治一年生和多年生禾本科杂草，如千金子、稗草等。对阔叶杂草无效。死草症状见(图2–25至图2–27)。

图2–25　10%氰氟草酯乳油施药后10天防治稗草的效果比较　**防效较好，施药后5～10天高剂量下节点变褐，枯萎死亡**

图2–26　10%氰氟草酯乳油施药后10天防治马唐的效果比较　**防效较好，施药后5～10天高剂量下节点变褐，生长受到抑制，以后逐渐枯萎死亡**

图2-27　10%氰氟草酯乳油防治稗草的死亡过程　施药后5～10天茎叶黄化，节点变褐，枯萎死亡

3.氰氟草酯应用技术　水稻田，可以在杂草3叶期至分蘖期施药，用10%乳油40～60毫升/667米^2，进行茎叶喷雾，喷药时要排干田水，2天后正常管理。

直播稻田在秧苗早期防除千金子，在秧苗2～3叶期，使用30～50毫升/667米^2，在秧苗2～3叶期用10%乳油50毫升/667米^{2}加10%苄嘧黄隆可湿粉15～20克/667米^2。防除4至5叶期的千金子、稗草，用量为60～80毫升/667米^2。在防除大龄杂草时，可采取经济用药法，看草打草，只打有草处，可减少用药量。

水稻移栽田，稗草2～3叶期，用10%千金乳油60～80毫升/667米^2，对水30升喷雾。

注意不能在临近禾本科作物田施用，否则易对禾本科作物产生药害。在杂草幼苗期施药除草效果较好，杂草过大时效果差，施药时可以适当加大剂量。施药后5小时下雨，不影响药效的发挥。

（三）精恶唑禾草灵应用技术

1.精恶唑禾草灵除草特点　选择性内吸传导型茎叶处理除草

剂。用作茎叶处理，可为植物的茎、叶吸收，传导到生长点和分生组织，通过对乙酰辅酶A羧化酶的抑制而抑制杂草的脂肪酸合成，而抑制其节、根茎、芽的生长，损坏杂草的生长点、分生组织，受药杂草2～3天内停止生长，5～7天心叶失绿变紫色，分生组织变褐，然后分蘖基部坏死，叶片变紫逐渐枯死。本品中加入安全剂，也可以用于水稻，但安全性较差。

2.精恶唑禾草灵防除对象 可以防治一年生和多年生禾本科杂草，对阔叶杂草无效。对稗草、千金子、狗尾草、马唐等有较好的效果，对雀稗、圆果雀稗等也有防治效果。

3.精恶唑禾草灵应用技术 水稻田，可以在杂草3～5叶期施药，用10%精恶唑禾草灵(加入安全剂)乳油20～30毫升/667米^2，进行茎叶喷雾，喷药时要排干田水，2天后正常管理。施药量不宜随意加大，否则，会发生药3、氰氟草酯应用技术害。症状见(图2-28和图2-29)。

图2-28 在水稻移栽返青后，错误用药，叶面过量喷施6.9%精恶唑禾草灵悬乳剂(加入安全剂)15天后的药害症状 受害水稻叶片黄化并出现黄褐斑，部分叶片枯死，水稻长势受到明显抑制

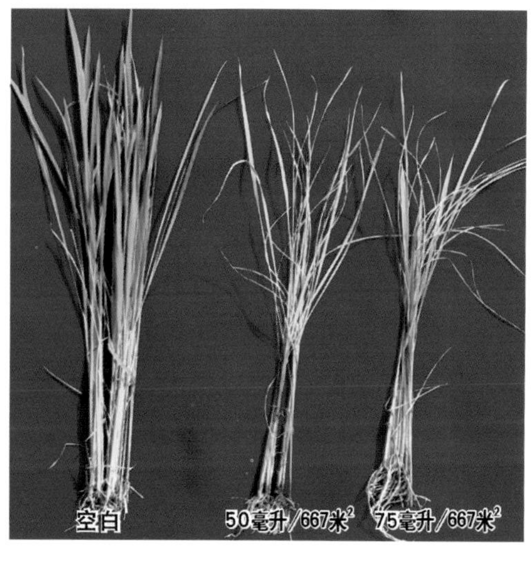

图2－29　在水稻移栽返青后，错误用药，叶面过量喷施6.9％精恶唑禾草灵悬乳剂(加入安全剂)21天后的药害症状　受害水稻叶片黄化并出现黄褐斑，部分叶片枯死，水稻长势受到明显抑制

(四)恶唑酰草胺应用技术

1.恶唑酰草胺除草特点　通过对乙酰辅酶A羧化酶的抑制而抑制杂草的脂肪酸合成，抑制杂草生长，用药后几天内敏感品种出现叶面退绿，抑制生长，有些品种在施药后2周出现干枯，甚至死亡。是一个新的芳氧苯氧基丙酸酯类除草剂，可很好地防除大多数一年生禾本科杂草。对水稻安全。

2.恶唑酰草胺防除对象　可以防治一年生和多年生禾本科杂草，如稗草、千金子、马唐类和牛筋草等。对阔叶杂草无效。

3.恶唑酰草胺应用技术　苗后以10%乳油60～133克/667米^2，施用于移栽稻田和直播稻田中，可有效地防除稻田中主要杂草,如稗属、千金子、马唐属和牛筋草，其最佳施药时期为稗草2叶期到分蘖末期。

(五)莎稗膦应用技术

1.莎稗膦除草特点　内吸传导型选择性土壤处理除草剂，主要通过植株根部吸收，部分通过新芽、嫩叶吸收。对正在萌发的杂草幼芽效果好，对已长大的杂草效果差。受害植物叶片深绿、变脆、厚、短，心叶不易抽出，生长停止，最后枯死。在土壤中的持效期20～40天。

2.莎稗膦防除对象 主要防治一年生禾本科杂草和莎草科杂草，如马唐、狗尾草、牛筋草、野燕麦、稗草、千金子、水莎草、异型莎草、碎米莎草、扁秆藨草、牛毛毡等，对阔叶杂草防效差。

3.莎稗膦应用技术 水稻田，杂草萌发至1叶1心期或水稻移栽后4～7天进行处理，用30%乳油60～100毫升/667米^2。施药后保持水层3～6厘米，保水4～5天。对水稻有轻微的药害表现，但后期均可恢复正常，对产量无影响。同样的秧龄下，随着施药时期延后，安全性下降。直播稻田4叶期以前施用该药敏感，可用于大苗移栽田，不可用于小苗移栽田，抛秧田慎用。旱育秧苗对本品的耐药性与丁草胺相近，轻度药害一般在3～4周消失，对分蘖和产量没有影响。水育秧苗即使在较高剂量时也无药害，若在栽后3天前施药则药害很重，直播田的类似试验证明，苗后10～14天施药，作物对本品的耐药性差。本品颗粒剂分别施在1厘米、3厘米、6厘米水深的稻田里，施药后水层保持4～5天，对防效无影响。药害症状(图2–30和图2–32)。

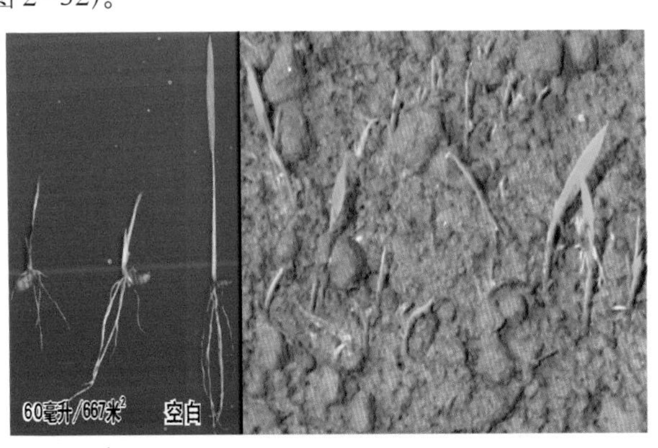

图2–30 在水稻发芽播种后，秧田喷施30%莎稗膦乳油60毫升/667米^2 18天后的药害症状 **茎叶弱小皱缩，部分茎叶枯死，秧苗生长较差，生长受到抑制**

图 2–31　在水稻移栽返青后，叶面喷施 30% 莎稗膦乳油 20 天后的药害症状　部分茎叶枯黄，植株矮化，生长受到抑制

图 2–32　在水稻移栽返青后，叶面喷施 30% 莎稗膦乳油 20 天后的药害症状　部分茎叶枯黄、死亡，生长受到抑制，但以后会逐渐恢复生长

（六）恶草酮应用技术

1. 恶草酮除草特点　选择性芽前除草剂，土壤处理，通过杂草幼芽或幼苗与药剂接触、吸收而起作用。药剂进入植物体后积累在旺盛生长部位，抑制生长，致使杂草组织腐烂死亡。药剂在光照条件下才能发挥杀草作用，但并不影响光合作用的希尔反应，而是

通过对原卟啉氧化酶的抑制而发挥除草作用。杂草自萌芽至2～3叶期均对药剂敏感，以杂草萌芽期施药效果最好，随杂草长大，效果下降。水田用药后药液很快在水面扩散，迅速被土壤吸附，向下移动有限，也不会被根部吸收。在土壤中代谢较慢，半衰期为2～6个月。

2.恶草酮防除对象　可以防除一年生禾本科和阔叶杂草，如稗草、千金子、马唐、狗尾草、异型莎草以及苋科、藜科、大戟科杂草。对多年生杂草无效。

3.恶草酮应用技术　水稻秧田，在整地后趁水混浊使用，北方用25%乳油100～120毫升/667米^2，南方用60～100毫升/667米^2，直接用瓶甩施，施药时田间水层保持3厘米，也可以喷雾或药土撒施。施药2～3天后，待药剂沉降至床面无水层时播种。也可在整地后播种，覆土后喷雾处理，盖地膜，湿润管理。

水稻旱直播田，于播种后5天内芽前土壤湿润喷施于土表，或稻1叶期后施药，用药量为100～150毫升/667米^2。

水稻移栽田，施药时间为移栽前1～2天，即在最后一遍平地趁水浑浊时以“瓶甩法”施用，或在栽秧后2～5天用25%乳油100～200毫升/667米^2，以药土法或药肥法施用，栽秧5天后施用防效下降。

水稻田施药后要保持一定的水层才能充分发挥药效，保持水深2～3厘米的要比不保水的除草效果要高。由于恶草酮在水中的溶解度只有0.7毫克/千克，与其他除草剂比较，他对水层的要求不严格。因此，在旱直播地和旱水管田施用要比其他除草剂效果好。施用恶草酮24小时后，有80%～90%被土壤吸附，如药水漫入未用药田，不会降低用药田的防效。恶草酮应用不当，可能对水稻产生药害，过量用药，施药方法不对、施药时间不当、整地质量差、直播稻盖籽不严、小苗田水层管理不当及敏感品种田用药，均可能导致药害。秧田药害表现为幼芽弯曲、呈黄褐色，茎基部发粗、根系短、叶环状。直播田轻的为幼芽生长和扎根缓慢，重的同秧田；若在立针期以恶草酮喷雾，药后秧苗可能出现灼斑，但几天后即恢复。药害症状(图 2–33 至图 2–36)。移栽稻田，如果在栽秧后瓶甩，症状为叶片失绿，有灼斑，严重的凋萎。施药后药剂很快为土壤颗粒吸附，不会降到土层深处，也不侧向扩散。施入土中后经过土壤微生物的活动，在土壤中缓慢的降解，在水稻田中半衰期为 40 天，在旱土中的半衰期为 3～6 个月。施用过药剂的稻田，一般不会影响后茬种麦、油菜等作物。

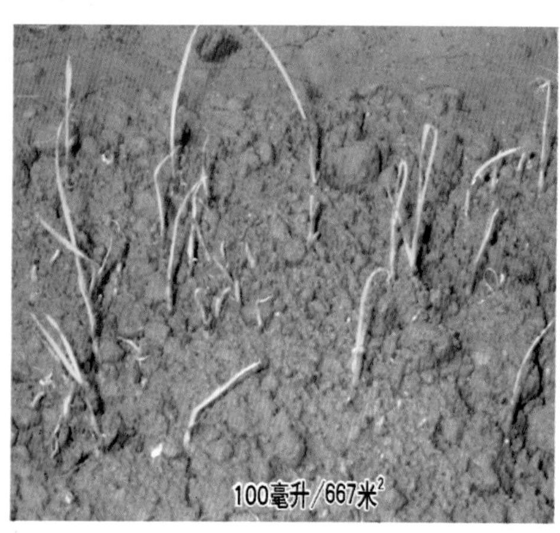

图2–33　在水稻催芽播种出苗后，喷施12％ 恶草酮乳油后的药害症状　施药后稻苗矮化、黄化，叶尖干枯，叶鞘紧裹叶片；药害重者茎叶不能正常抽出，茎叶扭曲、畸形，叶片卷成筒状；药害轻时，逐渐发出新叶

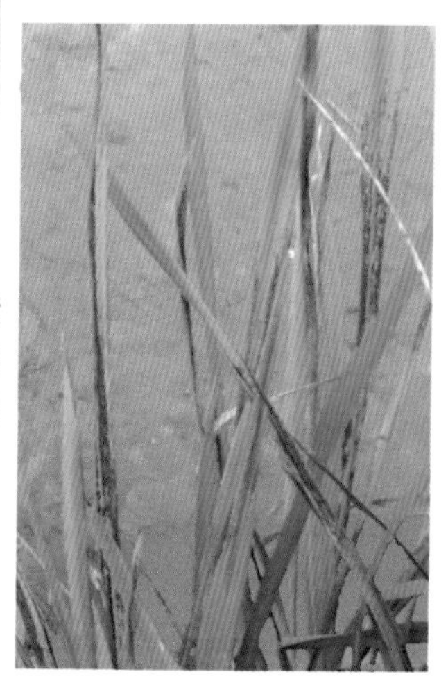

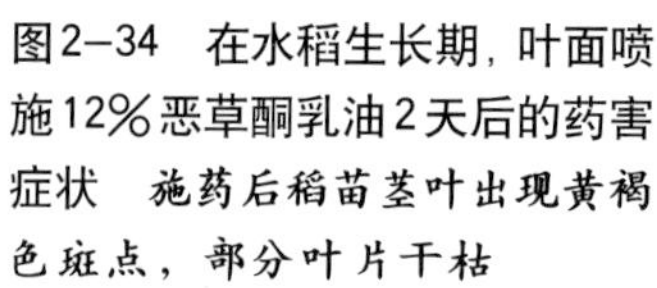

图2–34　在水稻生长期，叶面喷施12％恶草酮乳油2天后的药害症状　施药后稻苗茎叶出现黄褐色斑点，部分叶片干枯

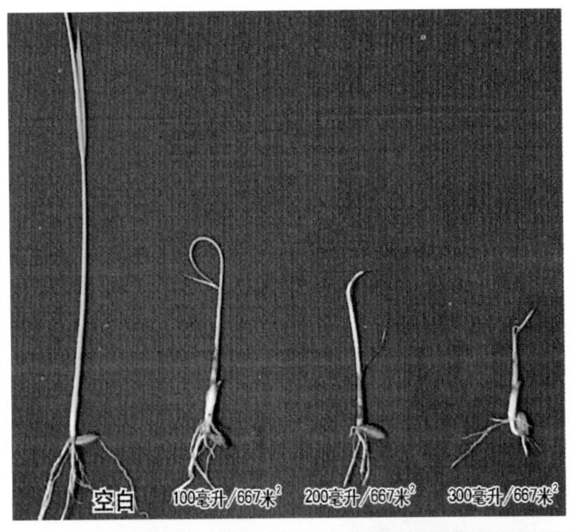

图2-35 在水稻催芽播种出苗后，喷施12%恶草酮乳油5天后的药害症状 施药后稻苗矮化、黄化、黑褐，叶尖干枯，叶鞘紧裹叶片；药害重者茎叶不能正常抽出，茎叶扭曲、畸形，叶片卷成筒状

图2-36 在水稻生长期，叶面喷施12%恶草酮乳油15天后的药害症状 施药后3～5天，茎叶黄褐色斑点逐渐扩大，部分叶片干枯死亡；施药7～10天后，不断发出新叶，长势逐渐恢复

（七）丙炔恶草酮应用技术

1.丙炔恶草酮除草特点 芽前触杀型选择性广谱除草剂。其作用机制是抑制原卟啉氧化酶，诱导卟啉的大量积累，增强膜内酯的过氧化作用，导致敏感植物结构和膜功能的不可逆损坏。在土壤中的移动性较小，因此不易触及杂草的根部。持效期约30天。

2. 丙炔恶草酮防除对象 可以有效防除稗草、千金子、碎米莎草、异型莎草、水蓼等多种一年生禾本科杂草、莎草科杂草和阔叶杂草，对某些多年生杂草也有显著的除草效果，对恶性杂草鸭舌草、四叶萍、水绵也有良好的防除效果。

3. 丙炔恶草酮应用技术 水稻移栽田，在水稻移栽后4～7天，用80%水分散粒剂5～10克/667米^2，拌细土撒施。施药时田间保持3～5厘米水层，保水5～7天。应用时要加强田水管理。要严格控制剂量，剂量过高会有轻微药害现象。秧苗田施药会出现轻微的药害症状，秧苗基部叶鞘出现褐色纹斑。移栽前2天用药的处理，秧苗有明显落黄现象，植株略矮。药害症状见(图2—37)。

图2—37 在水稻生长期，叶面喷施80%丙炔恶草酮水分散粒剂15天后的药害症状 施药15天后叶片发黄，长势弱于空白对照，一般情况下逐渐恢复生长

(八)二氯喹啉酸应用技术

1. 二氯喹啉酸除草特点 防除稻田稗草的特效选择性除草剂，该药是激素抑制剂，主要是通过抑制稗草生长点，使其心叶不能抽出从而达到防除稗草的目的。药剂能被萌发的种子、根、茎及叶部

迅速吸收，并迅速向茎和顶端传导，使杂草中毒死亡，与生长素类物质的作用症状相似。对水稻生长高度安全。对大龄稗草活性高，效果好，药效反应迅速，施药1～2 天后稗草嫩叶边缘开始褪绿、黄化，2～3天后叶片变软、叶色发黄、部分呈红褐色，一周后，叶片下垂萎蔫、腐烂致死。该药对水层管理要求不严格。

2.二氯喹啉酸防除对象　可以有效地防除稗草，对鸭舌草、三棱草、眼子菜也有一定的防除效果，对莎草科杂草效果差。死草症状见(图2–38至图2–40)。

图2–38　生长期喷施50%二氯喹啉酸可湿性粉剂后防治稗草的效果比较　施药后，迅速出现中毒症状，茎叶黄化、枯萎、死亡

图 2-39　生长期喷施 50% 二氯喹啉酸可湿性粉剂后防治马唐的效果比较　施药后，迅速出现中毒症状，茎叶黄化、枯萎、死亡

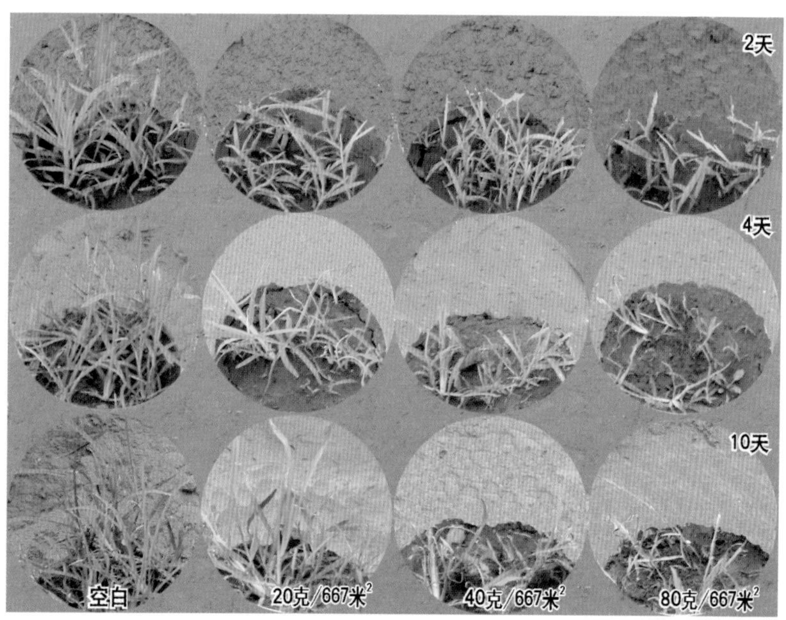

图 2-40　生长期喷施 50% 二氯喹啉酸可湿性粉剂后防治牛筋草的效果比较　施药后，迅速出现中毒症状，茎叶黄化、枯萎，生长受到抑制，但整体防治效果较差

3.二氯喹啉酸应用技术　秧田、水直播田，在稻苗3～5叶期、稗草1～5叶期内，用50%可湿性粉剂20～30克/667米^2(华南)，30～50克/667米^2(华北、东北)，加水40升，在田中无水层但湿润状态下喷雾，施药后24～48小时复水。稗草5叶期后应加大剂量。

旱直播田，在直播前用50%可湿性粉剂30～50克/667米^2，加水50升喷雾，出苗后至二叶一心期施药，效果最好，施药后保持浅水层1天以上或保持土壤湿润。

移栽本田施用，栽植后即可施药，一般在移栽后5～15天，用50%可湿性粉剂20～30克/667米^2(华南)，30～50克/667米^2(华北、东北)，加水40升，排干田水后喷雾，施药后灌浅水层。

本品对稻苗无不良影响，秧田除草有效施药适期长。田内无水层时，便于稗草全株着药，与有水层相比土壤中药液浓度高，便于稗草吸收，除草效果好，药效稳定。生产上应在施药前一天田间放水，施药后1～2天灌浅水，保持2～3厘米水层2～3天。稗草越小除稗效果越好，5～6叶期的稗草在施药后的第二天开始出现受害症状，主要表现为失水萎蔫，症状由心叶逐渐扩大到整个叶片，最后全株黄化死亡；已拔节或抽穗的夹棵稗对药剂的抗性较强，死亡部分仅限于主茎和分蘖的心叶以及抽出的穗子，其他部分会仍保持绿叶，继续维持生长活力，以后慢慢恢复生长。机播水稻田因稻根露面较多，需待稻苗转青后方能施药。浸种和露芽种子对该药剂敏感，故不能在此期用药，直播田及秧田应在水稻2叶以后用药为宜。水稻不同品种对药剂的敏感性差异不大。高温下施药易产生药害。本剂对胡萝卜、芹菜、香菜等伞形花科作物相当敏感，施药时应予注意。二氯喹啉酸不可在水稻生长中后期使用，二氯喹啉酸在适期内超量使用，尤其在秧苗4叶期前超量使用，易发生药害。施药时期应掌握在秧苗2叶期以后，以确保安全。一般有效用量不能超过25克/667米^2。在施药前一段时期遇连阴雨，低温，秧苗素质较差，若此时施药，易导致秧苗药害。症状见(图 2–41 和图 2–42)。

图 2–41 在水稻移栽返青后，叶面喷施 50% 二氯喹啉酸可湿性粉剂 9 天后的药害症状 水稻部分叶片边缘发黄，生长受到暂时影响

图 2–42 在水稻移栽返青后施用二氯喹啉酸 15 天后水稻药害症状

(九)环庚草醚应用技术

1. 环庚草醚除草特点 是一种选择性内吸传导型土壤处理的

除草剂。可为植物的根吸收，经木质部传导到芽的生长点。该药属于二苄醚类除草剂，是典型的细胞分裂抑制剂，抑制分生组织的生长，使之死亡。水稻等作物能代谢药剂，耐药力强，进入水稻体内被代谢成羟基衍生物；并与水稻体内的糖苷结合成共轭化合物而失去毒性；另外水稻根插入泥土，生长点在土中还具有位差选择性。当水稻根露在土表或砂质土，漏水田可能受药害。艾割在无水层情况下，易被蒸发和光解，因此在漏水田和施药后短期内缺水的条件下除草效果差；并能为土壤微生物分解；在有水层的情况下，分解速度减慢。在水稻田有效期为35天左右，温度高持效期短；温度低持效期长。

2.环庚草醚防除对象　可以防治多数单子叶杂草，如稗草、马唐、牛筋草、牛毛草、异型莎草等，对鸭舌草、丁香蓼、鳢肠、水苋菜、母草、节节菜也有一定的防治作用。对眼子菜、矮慈姑防效更差。

3.环庚草醚应用技术　水稻移栽后5～8天，稗草1.5叶期，用10%乳油13～20毫升/667米^2，采用毒土、毒肥、喷雾或瓶洒施均可。施药后保持水层3～5厘米，保水5～7天。

移栽田用药时应掌握在秧苗活棵、杂草萌芽期，草龄大、药效差。用药时田间应保持3～4厘米的水层5天以上。要严格掌握用药量，过量时水稻将出现滞生矮化现象。药剂的持效期短，故用药期要准，除草的最佳时期是杂草处于幼芽或幼嫩期，待杂草长大后伸出水面除草效果显著下降，草龄越大，效果越差。在高温30℃以上时，防除稗草效果有所下降，以20℃～30℃条件下施药为宜。

（十）四唑酰草胺应用技术

1.四唑酰草胺除草特点　该药可被植物的根、茎、叶吸收并传导到根和芽顶端的分生组织，抑制其细胞分裂，生长停止，组织变形；使生长点、节间分生组织坏死，心叶由绿变紫色，基部变褐色而枯死，从而发挥除草作用。持效期达40天，对后茬作物安全。水稻吸收拜田净后，在体内能很快将其分解为无害的惰性物质，因而表现出极好的选择性，对水稻安全，并有良好的保护环境和生态的特性。在稻田移动性差，水系中光解迅速，对化学水解敏感。

2.四唑酰草胺防除对象 可以防治禾本科杂草(稗草、千金子)、莎草科杂草(异型莎草、牛毛毡)和阔叶杂草(陌上菜、鸭舌草)等，对丁香蓼、空心莲子草、扁秆藨草、泽泻效果差。对禾本科杂草的防效优于阔叶杂草。

3.四唑酰草胺应用技术 水稻直播田苗后(播后5天)、移栽田插秧后0～10天、抛秧田抛秧后0～7天，在稗草苗前至2.5叶期施药，每亩用50%可湿性粉剂13～26克，毒土法或喷雾均可。使用毒土法时，需保证土壤湿润即田间有薄水层3厘米，药后保水5～7天，以保证药剂能均匀扩散。

施药后田间水层不可淹没水稻心叶(特别是立针期幼苗)。在水育秧田和水直播田，要求浸种催芽并整平土地播种，整地与播种间隔期不宜过长。

(十一)嘧啶肟草醚应用技术

1.嘧啶肟草醚除草特点 该药可被植物的茎叶吸收，在体内传导，抑制敏感植物氨基酸的合成。敏感杂草吸收药剂后，幼芽和根停止生长，幼嫩组织如心叶发黄，随后整株枯死。该药为光活性除草剂，需有光才能发挥作用。杂草吸收药剂至死亡有一个过程，喷药后24小时，杂草新叶伸长受抑制，3～5天植株停滞、失绿，15～20天植株干枯死亡，多年生杂草要更长。在低温条件下施药过量水稻会出现叶黄、生长受抑制，几天后可恢复正常生长，一般不影响产量。

2.嘧啶肟草醚防除对象　可以有效防治多种禾本科杂草、阔叶杂草和莎草科杂草，对稗草、马唐、野慈姑、雨久花、萤蔺、日本藨草、眼子菜、四叶萍、鸭舌草、泽泻、牛毛毡、异型莎草、水莎草、千金子等。对稗草效果突出。

3.嘧啶肟草醚应用技术　水稻直播田，直播水稻田稗草3～4叶期，5%乳油25～30毫升/667米^2，对水喷雾，用药前需先排干田水，喷雾要尽量喷仔细，要求药后24小时复水水层在3～5厘米，并保水5～7天。

水稻抛秧田，水稻抛秧后7～15天，稗草3～5叶期、阔叶草2～4叶期、莎草5叶期前为宜，用5%乳油60～70毫升/667米^{2}为宜，用药方法以排干田水后喷雾、隔天复水后并保水层5～7天为宜。

水稻移栽田，在水稻移栽后15天左右，用5%乳油60～70毫升/667米^2，对水40升均匀喷雾，可获得较好的防效，且对水稻安全。

本品为茎叶处理剂，必须喷雾到叶面上才有效果，毒土、毒沙无效。具有迟效性，用药7天后逐渐见效。在水稻直播田使用时安全性比移栽水稻高，在移栽田使用要慎重，施药期不宜过晚(分蘖盛期施药，药害严重)。

(十二)环酯草醚应用技术

1.环酯草醚除草特点　环酯草醚为水稻苗后早期广谱除草剂。主要作用是抑制乙酰乳酸合成酶(ALS)的合成。环酯草醚本身为前提除草剂离体条件下用酶测定其活性较低，但通过茎叶吸收，在植株体代谢后，产生药效佳的代谢物，并经内吸传导，使杂草停止生长，而后枯死。

2.环酯草醚防除对象　一年生禾本科、莎草科及部分阔叶杂草。对移栽水稻田的稗草、千金子防治效果较好，对丁香蓼、碎米莎草、牛毛毡、节节菜、鸭舌草等阔叶杂草和莎草科杂草也有一定的防效。

3.环酯草醚应用技术 对移栽水稻田的一年生禾本科杂草、莎草科及部分阔叶杂草有较好的防治效果。用药剂量为25%悬浮剂50～80毫升/667米^2。推荐用药量对水稻安全。建议与其他作用机理不同的药剂混用或轮换作用。

（十三）嘧草醚应用技术

1.嘧草醚除草特点 乙酰乳酸合成酶(ALS)抑制剂，通过阻止支链氨基酸的生物合成而起作用。通过茎叶吸收，在植株体内传导，杂草即停止生长，而后枯死。稗草从叶片和茎秆、根部吸收后很快传导到全株，抑制乙酰合成酶，影响氨基酸的生物合成，从而妨碍植物体的细胞分裂，并停止生长，逐渐白化枯死。只防除稗草，对其他杂草基本无效。

2.嘧草醚防除对象 稗草(苗前至4叶期的稗草)。用药量随稗草叶龄增加而增加，如每亩用量20克时只能杀死2叶期稗草，每亩用量为25～30克时，可防除2.5～3叶期稗草。

3.嘧草醚应用技术 苗后茎叶处理，用10%可湿性粉剂20～50/亩，持效期长达50天。

水稻移栽田或水稻直播田施药，稗草3叶期前用10%可湿性粉剂每亩20～30克+10%苄嘧磺隆可湿性粉剂20克，在水深为3～5厘米的状况下药土施药。

水稻直播田，水稻立针期排水晒田后，覆水1～3天施药（此时稗草为1～2叶期，个别有2.5叶期）每亩用10%可湿性粉剂20～30克，施药时水层为3～5厘米，采用毒土、毒肥或喷雾法施药，施药后保持水层5～7天，如阔叶杂草多的地块应与防除阔叶杂草的除草剂混用。

水稻插秧田和抛秧田，稗草2叶期前施药，也可在播前整地后1天施药。施10%可湿性粉剂每亩20克，如阔叶杂草多时应与防除阔叶杂草的除草剂混用。水层管理和施药方法同上。稗草1叶期开始吸收必利必能，对发芽的稗草无效。因此，1叶期前稗草仍生长到1叶期后才吸收枯死。

在推荐剂量下，对所有水稻品种具有优异的选择性，并可在水稻生长的各个时期施用。室内试验，在淹水条件下嘧草醚2～6克/667米^{2}在水稻芽前、2叶期和3叶期3个阶段使用对水稻的毒性极为微小，尤其是芽前处理嘧草醚对水稻的安全性要明显好于其他杀稗剂，用药量增加2～3倍时，对水稻仍然安全。

（十四）双草醚应用技术

1.双草醚除草特点 嘧啶羧酸类化合物，是苗后茎叶除草剂，当作茎叶处理后，能有效地抑制杂草体内支链氨基酸生物合成过程中乙酰乳酸合成酶的活性，从而妨碍敏感植物的细胞分裂，使其停止生长进而出现黄化、枯萎、死亡或严重抑制生长现象。其对水稻及杂草(稗草)杀伤作用的差异在于他对水稻及杂草的生理影响强度的差异。

2.双草醚防除对象 可以防除直播稻田的一年生和多年生禾本科杂草、阔叶杂草、莎草科杂草。对直播稻田多数常见杂草都具有优异的防除效果，其杀草谱包括禾本科的稗草、双穗雀稗，莎草科的异型莎草、扁秆藨草、牛毛毡和阔叶草的节节菜、鳢肠、鸭舌草、空心莲子草、耳叶水苋等。尤其对高龄稗草、恶性杂草双穗雀稗及多年生杂草扁秆藨草、空心莲子草有特效。多数阔叶杂草和莎草对该药的敏感性高于禾本科和部分阔叶杂草(鸭舌草、矮慈姑、耳叶水苋)。然而，对千金子基本无效，对水莎草效果也较差，防效一般均低于60%。

3.双草醚应用技术 直播稻田，在水稻4～6叶期(播种后10～15天)，稗草3～7叶期，10%悬浮剂10～20毫升/667米^2，对水25～45升喷雾。施药前必须排干水，田间湿润即可；施药后1～2天及时灌水，5天内田间须保持4～5厘米浅水层，以保证药效的稳定性。否则，将会影响除草效果。

施药前后稻田水层管理是关键。对敏感的多数阔叶杂草和莎草用10%悬浮剂15～22毫升/667米^{2}即可达到防除目的，而禾本科和部分阔叶杂草(鸭舌草、矮慈姑、耳叶水苋)的防除则需用10%悬浮剂20～30毫升/667米^2。温度超过35℃水稻易产生药害。籼稻、杂交稻品种安全性好于粳稻；插秧田使用对新生分蘖有药害，因此插秧田不能使用，不宜在水稻移栽田使用。水稻超过6叶施用易产生药害。对水稻的典型症状为矮化、黄化(新抽出叶发黄最明显)、叶片及叶鞘变褐色，敏感品种茎基部变宽扁，各叶与主茎严重分离，根变稀少，施药时无水层可加重药害。

(十五)恶嗪草酮应用技术

1.恶嗪草酮除草特点 新型的杂环类除草剂，具有内吸传导性。主要由杂草的根和茎叶基部吸收，除草机理是阻碍植物内生赤霉素GA3激素的形成，使杂草茎叶失绿，生长受抑制，直至枯死。杀草保苗的原理主要是药剂在水稻与杂草中的吸收传导以及代谢速度的差异所致。去稗安的药效期长达60天以上，对土壤吸附力极强，所以漏水田、药后下雨等均不影响药效，对千金子、稗草等杂草有很长的持效期。

2.恶嗪草酮防除对象 对千金子、稗草、牛毛毡、异型莎草、矮慈姑及部分一年生阔叶草均有很好的防效。对鳢肠、节节菜防效明显，对鸭舌草防效一般，对陌上菜无效。

3.恶嗪草酮应用技术 水稻秧田，于播后5天后使用，过早施药会产生严重药害，用药量以1%悬浮剂80～150毫升/667米^{2}较为合适。直播稻田，在稗草1.5～2.5叶期使用，过早施药也易产生药害，过迟使用则影响药效发挥，稗草1.5叶期施药，可以用1%悬浮剂100～150毫升/667米^2；稗草2.5叶期施药，150～200毫升/667米^{2}为宜；对水40～50升喷雾，喷雾时田面保持湿润，药后灌浅水或保持田间湿润状态(田间干燥会降低药效)。

秧田和直播田上，一律采用喷雾法。早稻于直播后8天左右喷施，单季稻于直播后5天左右喷施，施药前后田板保持湿润，施药2～3天后恢复田间正常水层管理。水稻播后2天施药会产生较重的药害，表现为秧田部分低洼处缺苗。用药偏迟，除稗草效果下降。田板保持湿润状态或浅水层，不淹没稻苗心叶，是确保安全性的关键技术。施药期要根据当地当年早稻直播和单季稻直播期的气温特点决定，气温高偏前施用，气温低偏后施用。

(十六)苯达松应用技术

1.苯达松除草特点 触杀型选择性苗后除草剂，用于苗期茎叶处理，通过叶片接触而起作用；水田施用，植物根、茎、叶均吸收苯达松，以叶片吸收最快。该药强烈抑制光合作用和水分代谢，造成营养饥饿，使生理机能失调而致死。耐性作物能代谢药剂，是其选择性的主要原因。该药不易挥发，光下易光解。

2.苯达松防除对象 可以防除多数一年生双子叶杂草和莎草科杂草，如鳢肠、节节菜、陌上菜、藜、蓼、异型莎草、碎米莎草、水莎草、三棱草、矮慈姑、萤蔺等。对多年生杂草只能防除其地上部分。对禾本科杂草无效。

3.苯达松应用技术 水直播稻田、插秧田均可施用，插秧后20～30天，直播田播后30～40天，杂草生长3～5叶期，用48%液剂133～200毫升/667米^2，对水30升，施药前把田水排干，使杂草露出水面，选高温、无风晴天施药，将药液均匀喷洒在杂草上，施药后4～6小时可渗入杂草体内。喷药后1～2天再灌水入田，恢复正常水管理。

水稻移栽田，48%水剂100～133毫升/667米^2，在水稻移栽后15～20天，杂草处于3～5叶期，采用常规喷雾法施药，除草效果好，对水稻安全。

稻田除草时，一定要在杂草出齐、排水后，均匀喷施，2天后灌水，否则影响药剂效果。该药为苗后茎叶处理剂，其除草效果与杂草生育期、生育状况、环境条件有关，施药时应注意以下因素：药液尽量覆盖杂草叶面；渍水、干旱时不宜使用，喷药24小时以内降雨效果不降。

第三章　稻田杂草防治技术

一、水稻秧田杂草防治

（一）秧田杂草的发生特点

秧田杂草种类很多，但危害较大的主要是稗草、莎草科杂草，以及节节菜、陌上菜、眼子菜等主要杂草。一般说，稗草的危害最为普遍而且严重，它与水稻很难分清，不易人工剔除，常常作为“夹心稗”移入本田；另外在秧田危害较为普遍的是莎草科杂草，如扁秆藨草等，其块茎发芽生长极快，不仅严重影响秧苗的生长，而且影响拔秧的速度和质量；牛毛毡、藻类也形成某些地区性的严重危害(图 3–1)。

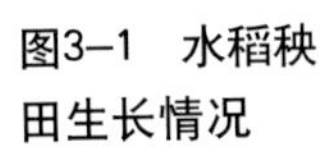

图3–1　水稻秧田生长情况

在秧田杂草的发生时间上，稗草、球花碱草、牛毛毡一般在播后一星期内陆续发生，而扁秆藨草、眼子菜等杂草要在播后10天左右才开始发生。

稗草的发生受气温影响很大。一般田间气温达到10℃以上时，在湿润的表土层内，稗草种子就能吸水萌发，随着气温的升高，萌发生长加快。据调查，在华北地区从4月中旬就开始出土，到5月上旬便达到出土的高峰，以后由于秧苗的生长，形成荫蔽的秧床而使杂草的发生量下降。稗草的发生历期(17.3℃～17.6℃)分别为针前期5天、针期2天、一叶期1天、二叶期5～4天、三叶期6～5天、四叶期7～5天。莎草科杂草，扁秆藨草的越冬块茎发芽较快，但一般要在10℃以上的平均气温时才能发芽，气温高发芽生长也加快。

我国目前育秧田类型主要有水育秧田、湿润(半干旱)育秧田和旱育秧田3种。不同育秧方式，因其水层管理的差异，杂草种类和发生规律亦不尽相同。

1.水育秧田 在育秧过程中，秧板经常保持水层，由于稗草及其他湿生杂草种子萌发需要足够的氧气，因此能有效地抑制杂草的发生；但水分充足，秧苗生长迅速，秧苗较嫩弱，扎根不牢，如播后芽前遇低温，易倒秧、烂秧。水育秧田仅在南方各省早春气温较高且比较稳定的稻田使用。

2.湿润育秧田 湿润育秧田是我国使用面积较大、历史较长的育秧方式。在播种出苗的一段时间内，秧板不建水层，而采取沟灌渗水来维持秧板湿润状态，供应稻种发芽所需水分，直到一叶一心期，才建立稳定的水层，并适当地落干晒田。在这种湿润、薄水条件下，秧苗生长缓慢，但较为茁壮，有利于培育壮苗；但是，在湿润秧田中，杂草种类及数量均大大增加，尤其是稗草及湿生杂草的种子，在湿润无水层的条件下，较深层的种子也能取得所需氧气而萌发出土，不仅增加了杂草的数量，而且由于萌发深度不一，发生期和高峰期亦有延长。秧板满水以后，虽然抑制了部分稗草及湿生杂草的萌发，而水生的双子叶杂草如节节菜、水苋等很快萌发，出现秧田第二次出草高峰。

3.旱育秧田 旱育秧田是近年来推广的省地、省水、省工的育秧方式，目前已普遍应用。整地时施足底肥，苗床做好后浇透水，播种，播量较湿润秧田为大。播后盖经筛的细土，然后盖膜。出苗后(播种后8～10天)揭膜，以后正常管理。旱育秧田杂草种类增加，出现大量湿生和旱生杂草，包括大量一年生禾本科杂草和莎草科杂草，各地杂草种类差异较大。

（二）秧田杂草的防治技术

1.水育秧田 要加强水层管理，促进秧苗生长迅速、健壮，如播后芽前遇低温，易倒秧、烂秧，除草剂药害加重。可以用下列除草剂种类和施药方法：

30%丙·苄可湿性粉剂60～90克/667米^{2}或10%苄嘧磺隆可湿性粉剂6～25克/667米^2+30%丙草胺乳油50～75毫升/667米^2，在播后2～4天内用药，掌握在稗草萌芽至立针期施药除草效果最佳。施药时要用浅水层，并保持4～6天。

17.2%苄·哌丹可湿性粉剂200～250克/667米^{2}或10%苄嘧磺隆可湿性粉剂10～20克/667米^2+50%哌草丹乳油25～30毫升/667米^2，在水稻秧田立针期，用加水40升喷雾，水育秧田施药前将田水排干喷药，秧苗2叶1心期保持畦面湿润，3叶期后灌水上畦面。播种前，秧厢畦面应尽量平整，秧苗立针期前，秧板保持湿润，不积水是确保安全用药的主要关键技术。种子未扎根出苗前，如遇大雨积水淹没种子，则应立即排水护种保苗，重新施药。

45%苄·禾敌细粒剂180克/667米^{2}拌毒土15千克，在水稻秧苗2叶1心期，均匀撒施。施药后应注意保持水层，缺水时应缓灌补水，切勿排水；施药后田间水层不宜过深，严禁水层淹过水稻心叶。

32%苄·二氯可湿性粉剂60～75克/667米^2，秧苗2叶1心期，稗草2叶期时施药最佳，排干田间水层后，对适量水均匀细喷雾，药后一天田间建立并保持水层。注意要用准药量，如草量草龄较大时要适当加大用药量。

2.湿润育秧田 可以进行播前和播种后苗前土壤处理及苗期茎叶处理。秧田杂草的防治策略：第一，防除秧田稗草是防除稻田稗草的关键所在，要抓好秧田稗草的防除；第二，秧田早期必须抓好以稗草为主兼治阔叶杂草的防除；第三，加强肥水管理，促进秧苗早、齐、壮，防止长期脱水、干田是秧田杂草防除的重要农业措施。

生产中，通常在播后芽前和苗期进行施药除草。

播种前，在整好苗床(秧板)后，以喷雾法(个别药剂用撒施法)将配制好的药剂(或药土)施于床面，间隔适当时间，润水播种，用药液量通常为30～40千克/667米^2。

播后出苗前，露地湿润育秧田，由于播后苗前不具有水层，厢(床、畦)面裸露而难维持充分湿润，因此用药量要比覆盖湿润育苗秧田提高20%～30%。用药种类，应选择水旱兼用或对水分要求不严格的丁恶混剂、杀草丹、哌草丹、苄嘧磺隆和丁草胺等，以保持稳定的药效；而丙草胺和禾草特，对水分条件要求比较严格，不宜在这种育苗秧田的播后苗前施用。

常用除草剂品种及应用技术介绍如下。

20%丁·恶(丁草胺+恶草酮)乳油，以20%乳油100～150毫升/667米^2，配成药液喷施，施药后2～3天播种。秧板和苗床不积水，勿露籽，适当盖土。

17.2% 苄 · 哌丹可湿性粉剂 200～250 克 /667 米^2 或 10% 苄嘧磺隆可湿性粉剂 10～20 克 /667 米^2 + 50%哌草丹乳油 25～30 毫升 /667 米^2，在水稻秧田立针期，加水 40 升喷雾，水育秧田施药前将田水排干喷药，秧苗 2 叶 1 心期保持畦面湿润，3 叶期后灌水上畦面。

45% 苄 · 禾敌细粒剂 180 克 /667 米^2 拌细土 15 千克，在水稻秧苗 2 叶 1 心期，均匀撒施。施药后应注意保持水层，缺水时应缓灌补水，切勿排水；施药后田间水层不宜过深，严禁水层淹过水稻心叶。

32% 苄 · 二氯可湿性粉剂 60～75 克 /667 米^2，秧苗 2 叶 1 心期，稗草 2 叶期时施药最佳，排干田间水层后，对适量水均匀细喷雾，药后一天田间建立并保持水层。注意要用准药量，如杂草数量和草龄较大时要适当加大用药量。

恶草酮，以 12%乳油 100～150 毫升 /667 米^2，或 25%乳油 50～75 毫升 /667 米^2，配成药液喷施，施药后 2～3 天播种。

丁草胺，以 60%丁草胺乳油 80～100 毫升 /667 米^2，配成药液喷施，施药后 2～3 天播种。可以有效防除稗草、莎草等一年生禾本科和莎草科杂草，也能防治部分阔叶杂草。秧田使用丁草胺的技术关键为播前施药，在齐苗前秧板上切忌积水，否则会产生严重的药害，影响出苗率和秧苗的素质；秧田要平，秧苗一叶一心期施药时，要灌浅水层，灌不到水的地段除草效果差，深灌的地段易产生药害(丁草胺在秧田施用安全性差，在未探明其安全使用技术之前，一般不宜在秧田大量推广使用丁草胺)。

禾草特，在稗草 1.5～2 叶期，用 96%禾草特乳油 100～150 毫升 /667 米^2，拌细土或细沙撒施，主要防除稗草，其次抑制牛毛毡和异型莎草。当气温稳定在 12℃～15℃、阴雨天数多、日照不足的情况下，使用禾草特后一周左右，水稻秧苗幼嫩叶首先出现褐色斑点，然后所有叶片均出现斑点，天气转晴、气温升高，斑点将自然消失。禾草特施药后如遇大雨易形成药害，水层太深，漫过秧心，易造成药害。秧苗生长过弱施药时也易产生药害。

苯达松，在稻苗3～4叶期，用48%苯达松水剂100～150毫升/667米^2，配成药液，排干水层后喷施，药后一天复水。可以防除莎草科杂草、鸭舌草、矮慈姑、节节菜等。

丁草胺＋丙草胺，在水稻播种后2天用60%丁草胺乳油60毫升/667米^2＋30%丙草胺乳油60毫升/667米^2，配成药液喷雾，常规管理，可以有效防除一年生禾本科、莎草科和阔叶杂草。二者复配除草效果好，而且对作物安全。

丁草胺＋禾草特，在水稻播种后2天用60%丁草胺乳油60毫升/667米^2＋96%禾草特乳油100毫升/667米^2，配成药液喷雾，常规管理，可以有效防除一年生禾本科、莎草科和阔叶杂草。二者复配虽没在增效作用，但可以扩大杀草谱，而且对作物安全。

3.旱育秧田　旱育苗床的杂草多为旱地杂草，种类复杂，危害较大，在防治上要抓好适期。生产中，通常在播后芽前和苗期进行施药除草。

在播种盖土后苗前施药，可以用：

35.75%苄·禾可湿性粉剂100～120克/667米^{2}或10%苄嘧磺隆可湿性粉剂1～2克/667米^2＋50%禾草丹乳油25～30毫升/667米^2，施药适期在播种当天至1叶1心期，覆膜秧田宜在秧苗1叶1心期施药，施药时，板面保持湿润，但不可积水或有水层，待秧苗长到2叶1心期后才可灌浅水层。

30%丙·苄可湿性粉剂60～90克/667米^{2}或10%苄嘧磺隆可湿性粉剂6～25克/667米^2＋30%丙草胺乳油50～75毫升/667米^2，在播后2～4天内用药。用药量要准确，施药前要盖土均匀，不能有露籽，施药要均匀。

在水稻发芽出苗后，稗草 1～3 叶期，可以用下列除草剂：

32%苄·二氯可湿性粉剂 60～75 克/667 米^2，秧苗 2 叶 1 心期，稗草 2 叶期时施药最佳，排干田间水层后，对适量水均匀细喷雾，药后一天田间建立并保持水层。注意要用准药量，如草量草龄较大时要适当加大用药量。

二、直播稻田杂草防治

直播稻田省去了育秧移栽的环节，因而具备省水、省田、省工、省时的特点，另外还可以推迟水稻播期以避开灰飞虱的迁入危害高峰，控制条纹叶枯病的发生，深受广大稻农的喜爱(图 3–2)。但由于直播稻前期采取干干湿湿管理，秧苗与杂草同步生长，田间旱生杂草与湿生甚至水生杂草混生，草相复杂、草害严重，除草难度大，很大程度上制约了直播稻发展。

图 3–2　直播稻田杂草发生情况

（一）直播稻田杂草的发生特点

直播稻田杂草发生时间长，整个出草时间长达50多天，基本上与水稻同步生长。直播田稗草及千金子数量明显高于移栽田；杂草密度大，杂草与水稻的共生期长，且前期秧苗密度低，杂草个体生长空间相对较大，有利于杂草生长，危害秧苗。经过大量观察，直播稻田杂草具有两个明显的萌发高峰。水稻播后3～5天就有杂草出土，水稻播后10～15天出现第一个出草高峰，该期以稗草、千金子、马唐、鳢肠等湿生杂草为主；播后20～25天出现第二个出草高峰，该期主要是异型莎草、球花碱草、鸭舌草、水蓼、节节菜等莎草科和阔叶类杂草。

（二）直播稻田杂草的防除

化学除草是直播稻田除草最有效的手段，直播稻田除草通常采用“一封二杀三补”的治草策略。

1.“一封” 主要是指在水稻播种后到出苗前，利用杂草种子与水稻种子的土壤位差，针对杂草基数较大的田块，选择一些杀草谱宽、土壤封闭效果好的除草剂或配方来全力控制第一个出草高峰的出现，这阶段可选用的药剂主要有：

36%丁·恶乳油150～180毫升/667米^2；16%丙草·苄可湿性粉剂100克/667米^2，或30%丙草胺(含安全剂)乳油100毫升/667米^2+10%苄嘧磺隆可湿性粉剂10～20克/667米^2；土表均匀喷雾，对前期杂草可以取得理想的防效。浸种后露白播种，以加快水稻出苗，争取齐苗提前，拉大出苗与出草的时间差，促进秧苗先于杂草形成种群个体优势，在一定程度上达到压低杂草基数和抑制杂草生长的效果。直播稻播后7～20天是杂草萌发第一个高峰期，其一出草量一般会占总出草量的65%，因此，控制第一出草高峰是直播稻田化学除草的关键。

2.“二杀” 是指在水稻3叶期、杂草2～3叶期前后，此时田间已建立水层，这时期除草意义重大；既可有效防除前期残存的大龄杂草，同时又可有效控制第二个出草高峰，这时期可以选用的除草剂主要有：

50%二氯喹啉酸可湿性粉剂30～50克/667米^2，对水30升/667米^2，进行茎叶喷雾处理，可以有效防除稗草；

10%氰氟草酯乳油40～60毫升/667米2，对水30升/667米^2，进行茎叶喷雾处理，可以有效防除千金子；

32%苄·二氯可湿性粉剂60～75克/667米^2，秧苗2叶1心期，稗草2叶期时施药最佳，可以有效防治稗草、莎草科杂草和双子叶杂草；

施药时排干田间水层后，药后2～3天田间建立并保持水层。注意要用准药量，如草量草龄较大时要适当加大用药量。

3.“三补” 对那些恶性杂草和有第二出草高峰的杂草，应根据“一封”、“二杀”后除草效果，于播后30～35天有针对性地选择相关除草剂进行挑治或补杀。挑治、补治残草，这时草龄往往较大，适用的高效又安全的除草剂较少，用药量应适当加大。

防除千金子，可以用10%氰氟草酯乳油80～100毫升/667米^2；

防除空心莲子草等阔叶杂草、莎草，可以用20%2甲4氯钠盐水剂250～300毫升/667米^2，或选用20%氯氟吡氧乙酸乳油40～50毫升/667米^2。

以上药剂对水30升/667米^2，进行茎叶喷雾处理，施药时排干田间水层后，药后2～3天田间建立并保持水层。

加强水层管理以水控制杂草的发生，在水层管理上，二叶期前坚持湿润灌溉，促进出苗扎根，二叶期开始建立浅水层。既促进秧苗生长，又抑制杂草生长。

三、水稻移栽田杂草防治

（一）水稻移栽田杂草的发生特点

移栽稻田的特点是秧苗较大，稻根入土有一定的深度，抗药性强；但其生育期较秧田长，一般气温适宜，杂草种类多，交替发生；因此，施用药剂的种类和适期也不同。一年生杂草的种子因水层隔绝了空气，大多在1厘米以内表土层中的种子才能获得足够的氧气而萌发；一般这类杂草在水稻移栽后3～5天，稗草率先萌发，1～2周内达到萌发高峰。多年生杂草的根茎较深，可达10厘米以上，出土高峰在移栽后2～3周(图3–3)。

图3–3 水稻移栽田生长情况

（二）水稻移栽田杂草的防治技术

根据各种杂草的发生特点，对水稻移栽田杂草的化学防除策略是狠抓前期，挑治中、后期。通常是在移栽前或移栽后的前(初)期采取土壤处理；以及在移栽后的中后期采取土壤处理或茎叶处理。前期(移栽前至移栽后10天)，以防除稗草及一年生阔叶杂草和莎草科杂草为主；中后期(移栽后10～25天)则以防除扁秆藨草、眼子菜等多年生莎草科杂草和阔叶杂草为主。具体的施药方式可以分在移栽前、移栽后前期和移栽后中后期3个时期进行。

在水稻移栽田施用除草剂，除必须排干水层喷洒到茎叶上的几种除草剂外，其他都应在保水条件下施用，并且大部分药剂施药后需要在5～7天内不排水、不落干，缺水时应补灌至适当深度。

扑草净、恶草酮、丁恶混剂和莎扑隆，在移栽前施用最好。因为移栽前施用可借拉板耢平将药剂赶匀，并附着于泥浆土的微粒下沉，形成较为严密的封闭层，比移栽后施用效果好而安全。水稻移栽前施用除草剂，多是在拉板耢平时，将已配制成的药土、药液或原液，就混浆水分别以撒施法、泼浇法或甩施法施到田里。撒施药土的用量为20千克/667米^2，泼浇药液的用量为30千克/667米^2。

移栽后前(初)期封闭土表的处理方法，已被广泛应用。移栽后的前期是各种杂草种子的集中萌发期，此时用药容易获得显著效果。但这一时期又恰是水稻的返青阶段，因此使用除草剂的技术要求严格，防止产生药害。施药时期，早稻一般在移栽后5～7天，中稻在移栽后5天左右，晚稻在移栽后3～5天。此外，还应根据不同药剂的特性、不同地区的气候而适当提前或延后。药剂安全性好或施药间气温较高、杂草发芽和水稻返青扎根较快，可以提前施药；反之，则适当延后。施药方法，以药土撒施或药液泼浇为主。大部分除草剂还可结合追肥掺拌化肥撒施。

水稻移栽后的中后期，如有稗草和莎草科杂草及眼子菜、鸭舌草、矮慈姑等一些阔叶杂草发生，可于水稻分蘖盛期至末期施用除草剂进行防治。

下面分别介绍一些常用除草剂的应用技术。

丁草胺，在移栽前1～2天，也可在移栽后2～4天，用60%丁草胺乳油100～150毫升/667米^2，制成药土撒施或配成药液泼浇。

恶草酮，在水稻移栽前2～3天，用12%恶草酮乳油100～150毫升/667米^{2}或25%恶草酮乳油50～75毫升/667米^2；也可在移栽后3～7天，用12%恶草酮乳油100～150毫升/667米^2，制成药土撒施或配成药液泼浇。

扑草净，在水稻移栽前3～4天，用50%扑草净乳油150毫升/667米^2，制成药土撒施或配成药液泼浇。

杀草丹，在移栽前2～3天或水稻移栽后3～7天，用50%杀草丹乳油200～400毫升/667米^2，制成药土撒施或配成药液泼浇，还可用原液或加等量水配成母液甩施。在有机质含量过高或用稻草还田的地块，最好不用杀草丹，以免造成水稻矮化。

草枯醚，移栽前3天，用20%草枯醚乳油400～600毫升/667米^2，制成药土撒施或配成药液泼浇。在移栽后2～4天，用20%草枯醚乳油400～600毫升/667米^2，制成药土撒施。

莎扑隆，移栽前1～2天，用50%莎扑隆可湿性粉剂200～400克/667米^2，制成药土撒施或配成药液泼浇，并搅拌于3～5厘米表土层中。在移栽后5天左右，用50%莎扑隆可湿性粉剂100～200克/667米^2，制成药土撒施。此药剂处理主要用于防除扁秆藨草、异型莎草、萤蔺等莎草科杂草较多的稻田。

苄嘧磺隆，对于矮慈姑等发生严重的田块，在水稻移栽前一天，施用10%苄嘧磺隆可湿性粉剂15～20克/667米^2，以药土法撒施。可以有效防除矮慈菇及其他多种阔叶杂草、莎草。水稻移栽后，于一年生阔叶杂草和部分莎草科杂草2叶期左右，可单用10%苄嘧磺隆可湿性粉剂15～26克/667米^2，制成药土撒施，施药期间田间保水层2天左右。试验表明，水稻移栽后1～8天施药，此时杂草出芽前至2～3叶期，除草效果最好；在插秧后15天施药，除草效果开始下降。试验表明，以10%苄嘧磺隆可湿性粉剂15克/667米^2，可以有效地防除稻田中的节节菜、鸭舌草、瓜皮草、益母草、眼子菜等阔叶杂草，平均除草效果达96%，对水莎草、萤蔺等多年生莎草科杂草也有一定的除草效果，平均防效为71.0%，对稗草的防效较差。该药对水稻安全，对水稻分蘖有一定的促进作用。持效期一般为45～57天。正常情况下施药，对后茬小麦、油菜的生长无不良影响。

吡嘧磺隆，稗草发生较少的稻田，于一年生阔叶杂草和部分莎草科杂草2叶期左右、稗草1.5～2叶期，可单用10%吡嘧磺隆可湿性粉剂10～18克/667米^2，制成药土撒施。据试验，施药后在土表淋水或灌一定深度的水层，可以明显提高防除效果。

环草丹，在移栽后5～10天，用96%环草丹乳油100～200毫升/667米^2，制成药土撒施或配成药液泼浇。

哌草丹，在移栽后2～4天，用50%哌草丹乳油150～250毫升/667米^2，制成药土撒施或配成药液泼浇。

乙氧氟草醚，大苗移栽田，在移栽后3～7天，用24%乙氧氟草醚乳油10～20毫升/667米^2，配成细药砂撒施，或对水洒施，对稗草、异型莎草、鸭舌草、水苋菜、益母草、节节菜等一年生杂草有90%以上的除草效果。施药时要有一定水层，在施药田块内由于土地高低不平，往往水深处易发生药害，尤其在秧苗小、水浸到稻叶时药害更为严重，而水浅处可能由于受药量少而除草效果差。试验表明，不论水层深浅，小秧苗的药害比老壮秧苗药害重；处在深水层的秧苗药害比浅水层的重，尤其是小苗处于深水层，叶片常浸在水中，药害严重，但大苗在浅水层下用药，对秧苗的生长无明显的影响。施药后 1 天排水会降低药效，而施药后 4 天排水不影响药效。该药剂在田间分解快，对后茬无残留影响。用药量以有效成分 2～2.5 克 /667 米^2，在插秧后 3～5 天内用药的田块内，水稻株高、植株及根的鲜重和对照相近，并无抑制分蘖的现象；但用量有效成分达 5 克 /667 米^2，其水稻分蘖比对照减少 3.2%～12.7%。插秧后 4 天内用药防除稗草效果达 100%，主要是由于此时稻田内稗草种子刚萌芽，幼芽都浸在水内易被杀死；如在插秧后 8 天施药，部分稗草已顶出水面，防除效果明显降低；如在插秧后 15 天施药，大部分稗草已顶出水面，防除效果很差。

甲羧除草醚，在移栽后 4～6 天，用 80% 甲羧除草醚可湿性粉剂 150～200 克 /667 米^2，制成药土撒施或配成药液泼浇。

杀草胺，在移栽后 3～5 天，用 60% 杀草胺乳油 60～120 毫升 /667 米^2，制成药土撒施或配成药液泼浇。

排草净，在移栽后 7～10 天，用 50% 排草净乳油 125～150 毫升 /667 米^2，制成药土均匀撒施。移栽过浅、秧苗瘦弱不宜施用。

环庚草醚，在移栽后 5 天左右，用 10% 环庚草醚乳油 13～20 毫升 /667 米^2，制成药土撒施。施药时必须保持一定的水层，3～5 天内不能排水，否则除草效果将下降。试验表明，用 10% 环庚草醚乳油 13～20 毫升 /667 米^2，在水稻移栽后 4～6 天对水洒施，对稗草效果在 84.5%～96.4%，防除异型莎草的效果在 88%～92%，对鸭舌草、节节菜防效较差，对眼子菜、矮慈姑无效。在水稻插秧后 3～4 天施药，此时稗草、异型莎草刚刚萌芽，草苗尚未顶出水面，防除效果较好，待杂草长大后伸出水面，防除效果将明显下降。

丙草胺，水稻移栽后 5～7 天，用 50% 丙草胺乳油 60 毫升 /667 米^2，制成药土撒施。

异丙甲草胺，大苗移栽田，移栽后 5～7 天，稗草 1.5 叶期以前，用72%异丙甲草胺乳油15毫升/667米²，制成药土撒施。异丙甲草胺由旱田转用水田后，除稗活性明显提高。在早稻田用72%异丙甲草胺乳油10～25毫升/667米²，对水稻安全，如果用药量加大到30毫升/667米²时，秧苗会出现矮化症状，但对其分蘖数和产量影响不大。小秧苗、弱秧、插后过早施药，均易造成秧苗矮化，一般情况下会在2～3周内恢复。

莎稗磷，在水稻移栽后4～8天，用莎稗磷有效成分30克/667米²，配成药土撒施或配成药液喷施。可以有效防除一年生禾本科和莎草科杂草。施药时保持水层3～6厘米，田间保水4～5天。

二氯喹啉酸，在水稻移栽后7～15天、稗草2～3叶期，用50%二氯喹啉酸可湿性粉剂40克/667米²，制成药土撒施或配成药液泼浇，而以药液喷雾效果最好。如药量加大50%，能防除4～6叶大稗草。二氯喹啉酸施药时对水层管理要求不太严格，田间保持3～6厘米水层、浅水层、排干水均可，但以二氯喹啉酸施药时排干田间水层的除稗效果最佳。杀稗持效期一般可达28～35天，基本上可以达到一次施药控制整个生育期内的稗草危害。

苯达松，在移栽后10～20天，用48%苯达松水剂150～250毫升/667米²，以药液喷雾法施入，喷药前一天排水，喷药后一天复水。此药对水稻比较安全，如扁秆藨草发生比较严重，可以适当加大药量。

2甲4氯钠盐，在水稻移栽后15～25天，用20%2甲4氯钠盐水剂140～280毫升/667米²，以药液喷雾法施入。喷药前一天排水，喷药后一天灌水。

西草净，在水稻移栽后15～25天，可以用25%西草净可湿性粉剂100～200克/667米²，以药土撒施法或药液喷雾法施入。

扑灭津，在水稻移栽后15～25天，用50%扑灭津可湿性粉性剂30～100克/667米²，以药土撒施法或药液喷雾法施入。可以防除眼子菜为主的一些发生期较晚的杂草。

丁草胺＋恶草酮，在水稻移栽前2～3天，用60%丁草胺乳油80毫升/667米^2 ＋ 25%恶草酮乳油40毫升/667米^2，或20%丁恶(丁草胺和恶草酮的混剂)乳油100～150毫升/667米^2，制成药土撒施或配成药液泼浇。

丁草胺＋苄嘧磺隆，在移栽后5～7天，用60%丁草胺乳油80～100毫升/667米^2 ＋ 10%苄嘧磺隆可湿性粉剂15～20克/667米^2，制成药土撒施。可以有效防除稗草、牛毛毡、扁秆藨草、雨久花、慈姑、萤蔺等多种杂草。在粳稻移栽田施用，对水稻分蘖稍有抑制作用。

苄嘧磺隆＋哌草丹，在移栽后5～7天，用50%哌草丹乳油150毫升/667米^2 ＋ 10%苄嘧磺隆可湿性粉剂15～20克/667米^2，制成药土撒施。

苄嘧磺隆＋杀草丹，在移栽后5～7天，用50%杀草丹乳油200毫升/667米^2 ＋ 10%苄嘧磺隆可湿性粉剂15～20克/667米^2，制成药土撒施。

苄嘧磺隆＋环庚草醚，在移栽后5～7天，用10%环庚草醚乳油10～15毫升/667米^2 ＋ 10%苄嘧磺隆可湿性粉剂15～20克/667米^2，制成药土撒施。

异丙甲草胺＋苄嘧磺隆，在移栽后5～7天，用72%异丙甲草胺乳油15毫升/667米^2 ＋ 10%苄嘧磺隆可湿性粉剂15～20克/667米^2，制成药土撒施。异丙甲草胺与苄嘧磺隆混用在除草谱上表现出明显的互补性。在以禾本科和莎草为主的地区，单用异丙甲草胺就能有效地防除主要的一年生杂草；但在草相复杂、阔叶杂草种类和数量较多的地区，异丙甲草胺与苄嘧磺隆混用可以表现出优秀的除草效果。二者混用对水稻安全。

乙草胺＋苄嘧磺隆，在移栽后5～7天，用50%乙草胺乳油15

毫升/667米^2 + 10%苄嘧磺隆可湿性粉剂15～20克/667米^2，制成药土撒施。

丁草胺+吡嘧磺隆，在移栽后5～7天，用60%丁草胺乳油80～100毫升/667米^2 + 10%吡嘧磺隆可湿性粉剂10～15克/667米^2，制成药土撒施。

吡嘧磺隆+哌草丹，在移栽后5～7天，用50%哌草丹乳油150毫升/667米^2 + 10%吡嘧磺隆可湿性粉剂10～15克/667米^2，制成药土撒施。

吡嘧磺隆+杀草丹，在移栽后5～7天，用50%杀草丹乳油200毫升/667米^2 + 10%吡嘧磺隆可湿性粉剂10～15克/667米^2，制成药土撒施。

吡嘧磺隆+环庚草醚，在移栽后5～7天，用10%环庚草醚乳油10～15毫升/667米^2 + 10%吡嘧磺隆可湿性粉剂10～15克/667米^2，制成药土撒施。

异丙甲草胺+吡嘧磺隆，在移栽后5～7天，用72%异丙甲草胺乳油15毫升/667米^2 + 10%吡嘧磺隆可湿性粉剂10～15克/667米^2，制成药土撒施。

乙草胺+吡嘧磺隆，在移栽后5～7天，用50%乙草胺乳油15毫升/667米^2 + 10%吡嘧磺隆可湿性粉剂10～15克/667米^2，制成药土撒施。

克草胺+苄嘧磺隆，南方大苗移栽田，于移栽后5～7天，用25%克草胺乳油80～100毫升/667米^2 + 10%苄嘧磺隆可湿性粉剂15～20克/667米^2，制成药土喷施或配成药液喷施、泼浇。

克草胺+吡嘧磺隆，南方大苗移栽田，于移栽后5～7天，用25%克草胺乳油80～100毫升/667米^2 + 10%吡嘧磺隆可湿性粉剂10～15克/667米^2，制成药土喷施或配成药液喷施、泼浇。

环草丹+恶草酮，移栽后5～7天，用96%环草丹乳油100～

150毫升/667米^2 + 25%恶草酮乳油50毫升/667米^2，制成药土撒施或配成药液泼浇。

环草丹+苄嘧磺隆，在移栽后7～10天、稗草3叶期左右，用96%环草丹乳油100毫升/667米^2 + 10%苄嘧磺隆可湿性粉剂15～20克/667米^2，制成药土撒施或配成药液泼浇。

环草丹+吡嘧磺隆，在移栽后7～10天、稗草3叶期左右，用96%环草丹乳油100毫升/667米^2 + 10%吡嘧磺隆可湿性粉剂10～15克/667米^2，制成药土撒施或配成药液泼浇。

丁西(丁草胺+西草净)，在早稻移栽后3～5天、晚稻移栽后2～4天，用5.3%丁西颗粒剂400～600克/667米^2，配成药土撒施于田中，施药时要求水层3～5厘米，保水8～10天，放干田水后换上干净水，施药时及施药后田中不要有泥露出水面。可以有效防除稗草、眼子菜、牛毛毡、陌上菜、异型莎草、四叶萍、丁香蓼、萤蔺等杂草，对节节菜、鸭舌草、矮慈姑也有一定的防效。施药期间断水易发生药害。

新代力(甲磺隆+苄嘧磺隆)，在水稻移栽后早稻7～9天、晚稻6～12天，以10%新代力可湿性粉剂5～9克/667米^2，在以稗草较多的地块亩用量应提到7～9克/667米^2，在稗草较少而矮慈姑及其他杂草为主的田块用药量一般为5～7克/667米^2。配成药液喷施。可以有效防除萤蔺、牛毛毡、异型莎草、鸭舌草、节节菜、陌上菜、四叶萍等多种阔叶杂草，对矮慈姑具有较强的抑制作用。该药对稗草主要起抑制作用，其抑制能力随用药量的增加而提高。对水稻株高有一定的影响，而处理后20天能基本恢复。

责任编辑：高　原
封面设计：欧阳广君

水稻除草剂使用技术图解

SHUIDAO CHUCAOJI SHIYONG JISHU TUJIE

公益性行业（农业）科研专项经费资助项目（201203098）

ISBN 978-7-5082-7281-8

定价：20.00元